世界500强优秀员工的十种品质

张 勇◎著

一个人具有了优秀的工作品质，他就能够成为最优秀的员工。

在职场中，努力地工作是获得成功的最好捷径。
在公司里，并不是只有具有杰出才能的人会被提升，
那些勤奋刻苦的人同样拥有很多机会。

中国言实出版社

图书在版 编目(CIP)数据

世界500强优秀员工的十种品质 / 张勇著. -- 北京 : 中国言实出版社, 2015.3（2022.9重印）

ISBN 978-7-5171-1137-5

Ⅰ. ①世… Ⅱ. ①张… Ⅲ. ①成功心理一通俗读物 Ⅳ. ①B848.4-49

中国版本图书馆CIP数据核字(2015)第040680号

责任编辑： 李连成

出版发行 中国言实出版社

地　址：北京市朝阳区北苑路180号加利大厦5号楼105室

邮　编：100101

编辑部：北京市西城区百万庄路甲16号五层

邮　编：100037

电　话：64924853（总编室）64924716（发行部）

网　址：www.zgyscbs.cn

E-mail：yanshicbs@126.com

经　销 新华书店

印　刷 三河市京兰印务有限公司

版　次 2015年8月第1版　2022年9月第2次印刷

规　格 787毫米×1092毫米　1/16　印张16

字　数 200千字

定　价 36.80元　ISBN 978-7-5171-1137-5

前　言

■ 只要优秀品质，你就是优秀的

在商业实践中，以超常思维改变定式，对于企业营销的成败具有非凡意义，其功效在于出其不意，独辟蹊径，而这恰恰是现代商人所应具备的思维品质。上个世纪“二战”胜利初期，联合国决定将总部设在纽约市，但一直苦于找不到交通便利的好地段。这时，大银行家约翰·洛克菲勒第三慷慨解囊，主动提出把曼哈顿岛上的一块土地捐赠给联合国总部。一时间，约翰·洛克菲勒第三的反常举动引来不少的议论，一块好端端的地皮为什么要白白送人呢？但是，随着联合国总部的建成，在其周围，富丽堂皇的外交家公寓、第一流的大旅馆、酒家、商场……一座座围绕着这个世界组织的中心大厦拔地而起。与此同时，曼哈顿岛上洛克菲勒财团的一大片原本颓败的地皮也成倍成倍地涨价，变成了纽约最昂贵的街区。这时候，人们才恍然大悟洛克菲勒的“慷慨”，惊叹其与众不同的谋财手段和超常的“先见之明”。

艺术大师毕加索指出：“创造之前必须先破坏”。破坏什么？传统观念和传统规则。面对瞬息万变的市场环境，只有敢于挑战规则，打破常规，才能有所作为，才能摆脱危机，使企业立于不败之地，获得商机无限。

不管我们眼下做哪一种工作，我们都可以通过比别人要求的做得更多——通过奉献自己，最大程度地体现价值最大化，并增强我们的道德意识。要走向生活的繁荣、昌盛，关键的一点是要认识到繁荣、昌盛并非是由更多地获得取得的，而是由更多地奉献取得的！通过将我们的注意力放在我们能够为他人做什么而不是向他人索取什么上，我们的生活自然就会一天天繁荣起来。

倘若你热爱你选择的公司，你就会把自己全部的精力用在工作上，充分地发挥自己的能力。当你为公司奉献了你的全部精力，当你为工作上取得的成就而欢欣，当你在他人共享你的成绩时，有形与无形的酬报就成了你的回报。无形的酬报包括个人能力的提升及你所获得的名望。另一方面，如果你仅为工资而工作，而不肯为公司多做一点奉献，那么，你就会慢慢地轻视自己的公司，继而轻视你的工作。

凡是不被我们重视的事情，我们常常不能将它做好。从这个角度看，奉献与资产投入颇为相似，倘若你在投资上毫不用心，不肯花精力，那么，从长期来看，你的投资多半会失败。相反，若你将自己的精力、热情和才智都奉献给你的投资产业，你当然更加可能会获得成功。

通往成功的路或许很远，而你每一次无私的奉献行为，都是在那条路上前进。

一位心理学家在研究过程中，为了实地了解人们对于同一件事情在心理上所反应出来的个体差异，他来到一所正在建筑中的大教堂，对现场忙碌的敲石工人进行访问。

心理学家问他遇到的第一个工人：“请问你在做什么？”

这个工人很烦躁：“在做什么？你没看到吗？我正在用这个重的要命的铁锤，来敲碎这些该死的石头。而这些石头又特别的硬，害得我的手酸麻不已，这真不是人干的工作。”

心理学家又找到第二位工人：“请问你在做什么？”

第二位工人无奈地答到：“为了每周500元的工资，我才会做这件工作，若不是为了一家人的温饱，谁愿意干这份敲石头的粗活？”

心理学家问第三位工人：“请问你在做什么？”

第三位工人眼中闪烁着喜悦的神采：“我正参与兴建这座雄伟华丽的大楼。落成之后，这里可以容纳很多人来工作，虽然敲石头的工作并不轻松，但当我想到，将来会有无数的人来到这儿，快乐的工作，心中就感到特别有意义。”

同样的工作，同样的环境，却有如此截然不同的态度。

第一种人，是完全被动的人。可以设想，在不久的将来，他将不会得到任何工作的眷顾，甚至可能是生活的弃儿。

第二种工人，是麻木的，对工作的概念只是为钱而工作的人。对他们抱有任何指望肯定是徒劳的，他们抱着只为薪水而工作的态度，为了工作而工作。他们不是企业可依靠和领导可信赖的员工。

该用什么语言赞美第三种人呢？在他们身上，看不到丝毫抱怨和不耐烦的痕迹，相反，他们是具有高度责任感和创造力的人，他们充分享受着工作的乐趣和荣誉，同时，因为他们的努力工作，工作也带给他们足够的荣誉。他们就是我们想要的那种员工，他们是最优秀的员工。

第三种工人，完美地体现了工作的哲学：自动自发，自我奖励，视工作为快乐。相信这样的工作哲学，是每一个团队都乐于极力推广的。持有这种工作哲学的员工，就是每一个企业所追求和寻找的员工。他所在的企业，他的工作，会给他最大的回报。

或许在过去的岁月里，有的人时常怀有类似第一种或第二种工人的消极看法，每天常常漫骂，批评，抱怨，四处发牢骚，对自己的工作没有丝毫激情，在生活的无奈和无尽的抱怨中平凡的生活着。

但是，无论您对工作的态度究竟如何，都并不重要，毕竟那已经成为过去，重要的是，从现在起，你未来的态度将如何？我想优秀的员工应该有以下几个特征：

1. 不忘初衷，虚心学习。所谓出众，就是企业的经营理念。只有始终不忘企业经营理念的员工，才可能谦虚，才可能与同事齐心协力。也只有这样，才能实现企业的使命，不忘企业初衷，又能谦虚学习的人，才是企业最需要的员工。

2. 有责任意识。这就是说，处在某一职位，某一岗位的干部或员工，能自觉地意识到自己所担负的责任。有了自觉的责任意识之后，才会产生积极，圆满的工作效果。没有责任意识或不能承担责任的员工，不可能成为优秀的员工。

3. 自动自发，懂得服从。具有积极思想的人，在任何地方都能获得成功。那些消极，被动的对待工作，在工作中寻找种种借口的员工，是不是会受到企业欢迎的。

4. 爱护企业，和企业融为一体。除了睡觉，每个人有大半的时间在企业中度过，企业是自己的第二个家。优秀的员工，都具有企业意识，能和企业甘苦与共。

5. 能为团体着想。应该明白，所有成绩的取得，都是团队共同努力的结果。只有把个人的实力充分地与团队形成合力，才具有价值和意义。

6. 随时随地都具备热忱的精神。人的热忱是成就一切的前提，事情的成功与否，往往是由做这件事情的决心和热忱的强弱而决定的。碰到问题，如果拥有非成功不可的决心和热忱，困难就会迎刃而解。

7. 不墨守成规，锐意创新。每一个企业都欢迎这样的员工，因为创造力和创新能力是企业发展的永恒动力。

8. 能做正确价值判断。价值判断是包括多方面的。大而言之，有对人类的看法，对人生的看法，小到对公司经营理念的看法，对日常工作的看法。

9. 有自主经营能力。如果一个员工只是照上面交代的去做事以换取薪水，这是不行的。每一个人都必须以预备成为领导的心态去做事。如果这样做了，在工作上一定会有种种新发现，其个人也会逐渐成长起来。

10. 能得体地支持上司。所谓支持上司，也就是提出自己对所负责的工作的建议，并促使上司同意，或者对上司的指令提出自己的正确看法，促使上司修正。如果一个企业里连这样一个支持上司做事的人都没有，企业的发展就成问题；如果有10个能真正支持上司的人，那么企业就有光明的发展前途；如果有100个人能支持上司，那企业的发展会更加辉煌。

11．有气概担当企业经营重任。这种气概就是自信，毅力和责任心的体现，这种气概会给企业带来不可估量的价值。

基于上述认识，本书就结合企业的的需要，详实的分析了优秀员工所应该具备的优秀品质！

目 录

第一章 为自己勤奋工作

比尔·盖茨曾这样说道："你能够使成功成为你生活中的组成部分，能够使昨日的理想成为今天的现实。但是靠愿望和祈祷是远远不够的，必须通过你的努力才能实现。"任何成功都离不开不断地努力，勤奋从来就是一切成功者共有的品格。在所有的成功者中，不乏有体魄强者与弱者；不乏有出身显赫者与卑微者；不乏有知识水平高者与低者……但却没有一个不是勤奋的。

第二章　带着热情工作

公司管理者要善于培养员工的工作热情。在工作中，员工决心越大，工作效率肯定就越高。以这样的热情对待工作，还会乐在其中。

第三章　对待工作要敬业

敬业精神是现代社会所倡导的，也是所有公司企业生存所必需的。任何一个公司都欢迎敬业的员工的加盟，同时也在给予现有员工必要的激励以使他们更加敬业。

第四章 对待工作要忠诚

对于企业来说，忠诚能带来效益，增强凝聚力，提升竞争力，降低管理成本；对于员工来说，忠诚能带来安全感。因为忠诚，我们不必时刻绷紧神经；因为忠诚，我们对未来会更有信心。

第五章 积极主动地工作

想要在生命中找出平衡，进而追求更为圆满的人生，主动精神实在是不可缺少的一项。积极的习惯是以积极主动的精神为后盾，每个习惯都仰赖你积极主动，如果你消极等待，那么你就会受制于人，一旦受制于人，发展的机会便不会降临。

第六章　专注地工作

一个人在进行工作时，应该专注于当前正在处理的事情。如果注意力分散，头脑不是在考虑当前的事情，而是想着其他事情的话，工作效率就会大打折扣。一次做好一件事，是一个优秀员工获得成功不可或缺的一项习惯。只有当你一心一意去做每一件事情时，你才能把它做好。所以，专注能够使你走向卓越。

第七章　在工作中要坚决服从

一个高效的企业必须有良好的服从观念，一个优秀的员工也必须有服从意识。因为上司的地位、责任使他有权发号施令；同时上司的权威、整体的利益，不允许部属抗令而行。

第八章 在工作中要敢于担当责任

有一位伟人曾说：“人生所有的履历都必须排在勇于负责的精神之后。”责任能够让一个人具有最佳的精神状态，精力旺盛地投入工作，并将自己的潜能发挥到极致。辩证地看，一个对别人负责的人，才是对自己真正负责的人。在责任的内在力量驱使下，我们常常油然而生一种崇高的使命感和归属感。当我们把工作当成一项伟人的事业，用整个生命去实践的时候，人往往更容易激发出绚丽的色彩。

第九章 工作要积极进取

一个人想要取得成功，首先一定要坚定一个奋斗的方向；其次还要有走向成功的信念；最后尤为关键的一点就是要始终持有通向优秀的进取心。所以，无论你的一生是平淡或是辉煌，无论你是长成大树还是小草，无论你是变得杰出还是平庸，这一切都取决于一个意念，取决于你心中的愿望。你应该相信自己的潜在优势，增强自信心，解除懦弱感。胆小的人真正的敌人是自己。一个进取的人，必须具备勇敢和创造力。

第十章 在工作中要敢于付出

约翰·马克斯说："奉献与发展的法则是成功和美好生活的基础。"一个人如果认真考虑他所担负的责任，那么，可以令人信服地说，他会立即采取行动。一个人在采取行动之前，如果总是要问自己："人们会对此说些什么呢？"那么他会一事无成。

第一章 为自己勤奋工作

比尔·盖茨曾这样说道："你能够使成功成为你生活中的组成部分，能够使昨日的理想成为今天的现实。但是靠愿望和祈祷是远远不够的，必须通过你的努力才能实现。"任何成功都离不开不断地努力，勤奋从来就是一切成功者共有的品格。在所有的成功者中，不乏有体魄强者与弱者；不乏有出身显赫者与卑微者；不乏有知识水平高者与低者……但却没有一个不是勤奋的。

■为什么要勤奋

勤奋，是500强企业员工的基本品格之一。在职场中，努力地工作是获得成功的最好捷径。在公司里，并不是只有具有杰出才能的人会被提升，那些勤奋刻苦的人同样拥有很多机会。勤奋是事业成功的“帆”和“桨”，挂起帆，划动桨，迟早会到达成功的彼岸。

西点军校被公认为是培养领袖的地方，“西点毕业生”几乎是“成功者”的代名词。西点军校培养的精英，曾经对美国和世界产生了巨大的影响。是什么成就了西点如此的美誉呢？不可或缺的一种精神就是勤奋。

古罗马有两座圣殿：一座是勤奋的圣殿，另一座是荣誉的圣殿。人们在安排座位时有一个次序，就是必须经过前者，才能到达后者。勤奋是通往荣誉的必经之路，那些试图绕过勤奋，寻找荣誉的人，总是被荣誉拒之门外。成功者都有一个共同的特点——勤奋。在这个世界上，投机取巧是永远都不会走上成功之路的，偷懒更是永远没有出头之日的。

西点军校没有晚自习，过了晚上6时，就是学员的自由支配时间。但是，在这个时候，学员中的大部分仍然在学习，他们不会因为在自由的时间就松懈，他们无时无刻不在努力向上，勤奋刻苦、积极上进。在西点人看来，勤奋是获取成功的重要途径。关于这点，美国前总统威尔逊是所有西点学子的学习榜样。

威尔逊出生在一个贫苦的家庭，当他还在摇篮里牙牙学语的时候，贫穷就已经向他露出了狰狞的面孔。威尔逊10岁的时候就离开了家，在外面当了11年的学徒工，每年只能接受一个月的学校教育。

在经过11年的艰辛工作之后，他终于得到了一头牛和六只绵羊作为报酬。他把它们换成了84个美元。他知道钱来得艰难，所以绝不浪费，他从来没有在娱乐上花过一个美元，每个美分都是经过精心算计的。

在他21岁之前，他已经设法读了1000本好书——这对于一个农场里的孩子来说，是多么艰巨的任务啊！在离开农场之后，他徒步到100英里之外的马萨诸塞州的内蒂克去学习皮匠手艺。他风尘仆仆地经过了波士顿，在那里他看见了邦克希尔纪念碑和其他历史名胜。整个旅行他只花费了一美元六美分。

在他度过了21岁生日后的第一个月，就带着一队人马进入了人迹罕至的大森林，在那里采伐圆木。威尔逊每天都是在天际的第一抹曙光出现之前就起床，然后就一直辛勤地工作到星星出来为止。在一个月的夜以继日的辛劳努力之后，他获得了6个美元的报酬。

在这样的穷途困境中，威尔逊先生下定决心，不让任何一个发展自我、提升自我的机会溜走。很少有人能像他一样深刻地理解闲暇时光的价值。他像抓住黄金一样紧紧地抓住了零星的时间，不让一分一秒无所作为地从指缝间白白流走。

12年之后，他在政界脱颖而出，进入了国会，开始了他的政治生涯。

威尔逊的经历告诉我们：人只有通过勤劳，才能获得他想拥有的东西。因为，上帝对每个人都是公平的，你的付出与回报从来都是成正比的。任何人若想取得事业上的成功，必须付出超出常人的辛勤汗水。

一个人在工作中勤奋追求理想的职业生涯非常重要。享受生活固然没错，但怎样成为老板眼中有价值的职业人士，才是最应该考虑的。一位有头脑的、智慧的职业人士绝不会错过任何一个可以让他们的能力得以提高、让他们的才华得以展现的工作。尽管这些工作可能薪水微薄，可能辛苦而艰巨，但它对我们意志的磨练，对我们坚韧性格的养成起了巨大的作用，是我们一生受益的宝贵财富。所以，正确地认识你的工作，勤勤恳恳地努力去做，才是对自己负责的表现。

日本保险行销之神原一平身高不足1.6米，相貌又长得一般，这些不足之处影响了他在客户心中的形象，他起初的推销业绩很不理想。原一平后来想：既然与别人相比我的确存在一些劣势，那就让勤奋来弥补它们吧。为了实现他争第一的梦想，原一平全力以赴地工作。早晨5点钟睁开眼后，立刻开始一天的活动：6点半钟往客户家中打电话，最后确定访问时间；7点钟吃早饭，与妻子商谈工作；8点钟到公司去上班；9点钟出去行销；下午6点钟下班回家；晚上8点钟开始读书、反省，安排新方案；11点钟准时就寝。这就是他最典型的一天生活作息安排，从早到晚一刻不停地工作，把该做的事及时做完，从而摘取了日本保险史上的销售之王的桂冠。

要想在这个时代脱颖而出，你就必须付出比以往任何时代更多的勤奋和努力，并且拥有积极进取、奋发向上的心，否则你只能由平凡转为平庸，最后变成一个毫无价值和没有出路的人。

不管你现在所从事的是怎样一种工作，无论你是建筑工地上的一名工人，还是办公室里的一名普通职员，只要你勤勤恳恳地努力工作，你就是成功的，让老板认可的。

■ 勤奋使你驶向成功彼岸

有些人总抱怨自己工作辛苦却得不到回报。其实，与其抱怨，不如认真思考一下：我真的很勤奋吗？我比同事勤奋吗？如果你无论身在任何职都能比周围的同事更积极勤奋、坚持不懈地努力工作，那你迟早会达到事业成功的彼岸。

1968年，35岁的费雷德·特纳聘任为麦当劳公司的总经理。特纳能从一名麦当劳的普通员工一步一步升到总经理，与他的勤奋努力密不可分。

20岁的特纳初进麦当劳时，只是麦当劳普通员工中的一员，但他并没有得过且过，而是积极勤奋地练习并钻研工作。他能够从众多员工中脱颖而出，就是他勤奋工作的结果。

一次公司老总克罗克巡查连锁店，特纳正坐在煎盘前专心致志地翻动着汉堡垒包。克罗克被他一丝不苟的工作态度深深吸引住了。在与该连锁店经理交谈中特意提到并表扬了特纳，连锁店经理也对特纳作出了极高的评价，称赞他为“废寝忘食的工作者”。克罗克大胆使用和培养了这位年轻人。十多年后，特纳就担任了公司总经理。克罗克评价特纳时说：“我认为他很有能力来接管麦当劳，因而我把一切交给了他。事实证明，特纳领导下的麦当劳再次获得了长足的发展。”

麦当劳王国是一个人才的“大熔炉”，只要你勤奋努力，你就能在这里获得或大或小的成功。特纳曾说：“对于那些一直没有机会表现，一直未能出头的人，麦当劳提供了从零开始的机会。”当然，这个机会是需要你用勤奋工作来争取的。

特纳因为自己的勤奋而得到老板的关注，并有幸被老板亲自培养，他的经历充分证明了老板对勤奋者的青睐。而提拔他的克罗克在谈到自己的择才标准时说，他喜欢努力工作、不怕困难、脚踏实地型的员工。

当你付出比别人多几倍的努力全身心地投入工作时，不用担心自己老板没有看到，他会清清楚楚地记住你的付出。

一个人获得的任何东西都是他原先付出的东西的回报。你在付出时越是慷慨，你得到的回报就越丰厚，这是公平的游戏规则。从种植小麦的农夫那里，你也许能明白：如果种植一株小麦只能收成一粒麦子，那根本就是在浪费时间。实际上从一株小麦上可收成许许多多的麦子。尽管有些小麦不会发芽，但无论农夫面临什么样的困难，他的收成必定多出他所种植的好几倍。当然了，在你的工作中到底能回收多少，还要看你是否有正确的心态了。如果你是以心不甘，情不愿的心态付出，那你可能得不到任何回报，如果你只是从为自己谋取利益的角度，则可能连你希望得到的利益也得不到。你只要记住一点，在职场中的付出，就是在累积你的财富，而你的付出终将会帮你赢得你想要的一切。

松下幸之助说：“当年创业的时候，我对自己说：‘要好好努力，多比别人付出一些。只是埋怨辛苦是不会出人头地的，现在拼命努力和忍耐，将来一定有出息。’因此，在冬季结冰的天气下做抹布清洁工作，虽然很辛苦，但转念一想，这就是忍耐，努力干吧，将辛苦化为希望。”松下本人正是靠这种多吃苦多付出的精神才创出一番事业的，所以在当上老板之后，他告诫他的员工要想得到晋升就要有吃苦耐劳勤付出的精神。

身为下属，工作量大，任务繁重，要想给上司留下比较良好的印象，干工作就要兢兢业业、一丝不苟。要舍得多下工夫，辛勤工作，让自己所在的企业或部门，多出成绩，出大成绩，多出能在上司那儿受到称赞的成绩。有些员工通常只会说话不做实事，同那些“少说多做”的实干家相比，在竞争中更容易失败。

罗斯大学毕业后，应聘进入沃尔玛工作，开始他只是一个市场部的小职员。但在进入沃尔玛后，这个勤奋的年轻人在完成本职工作的同时，总是利用业余时间来研究公司的管理问题和市场的运营状况。在很多会议上，他总是能提出切实可行的建议来，他的表现引起了上司的注意。在一次关键的会议上，罗斯又提出了有关如何扩大产品销售面的问题，得到了上司的肯定。不久，罗斯就得到了提升。

如今，罗斯已经是沃尔玛公司市场部的一名高级管理人员。虽然身为高职人员，但他却并未因此而懈怠，相反，他比以前更加勤奋，他相信，只要他努力，就一定可以取得成功。

正如罗斯所相信的，勤奋是事业成功的有效保障，在我们职业生涯的航程上，推动着我们不断迈向成功，走向辉煌。

■勤奋使你走向成功

在西点军校，每个学员都会利用有限的时间去进行大量的知识理论学习。在这里，没有人闲散偷懒，甚至没人会容忍偷懒的行为，勤勉已经变成了一种自觉的行动，变成了一种责任。因为西点人认为：懒惰是最大的罪恶，上帝永远保佑那些早起的人。

因为，懒惰一旦在心中生成，就很难根除，因为懒惰的人往往有一种依赖的心理，认为某个时候会出现奇迹，或者有人来帮助他，这样的想法会致使一个人最终失败。一个成功者，不会抱着对奇迹的幻想悠悠度日的。

在西点的200多年历史中，许多人都是通过自己的努力，最终走向成功的高峰。当面对重重困难的时候，他们总会想尽一切办法去克服，完成任务，而不是用借口逃避风险。西点人认为：只有付出勤劳的汗水，才能最终走向成功。这其中，就包括曾经克服重重危险，将信送给加西亚的罗文上校。

1881年，毕业于西军校的安德鲁·罗文作为一名出色的军人，他与陆军情报军一起完成了一项重要的军事使命——将信送给加西亚，并因此荣获杰出军人的奖章。

当美西战争爆发以后，美国必须立即与西班牙的反抗军首领加西亚取得联系。因为加西亚住在古巴丛深山的丛林里，没有人知道他的确切落脚地点，所以这项任务变得十分的艰难。由于当时的战况非常紧急，美国总统需要尽快得到对方的合作，所以这项重要的任务便落到了罗文的身上。因为，只有他一个人可能找到加西亚。

接到任务的罗文，将信装进一个油布制的袋子里，封好，并将它吊在胸口。就这样，罗文开始了自己的送信旅程。他划着一艘小船，四天之后，终于登上古巴的海岸。三个星期后，从古巴岛的另一边出来，徒步走过这样一个危机四伏的国家，将信交给了加西亚。但这些细节并不是重点，重点是：罗文并没有抱怨这个几乎不可能完成的任务，他选择了接受命令，并尽一切努力，克服重重困难去完成它。

后来，罗文的事迹通过《致加西亚的一封信》传遍了整个世界，他也因此成为勤奋、敬业、服从的象征。

试想一下，如果罗文将军随意找了个理由搪塞过去，那么结局又会怎样呢？要知道任何的成功都不是偶然的，它的身后都有着大量的努力奋斗与付出，就如故事中的罗文一样，他的这枚军人的奖章，可以说是自己用生命换来的。在战火纷飞的国家，他冒着枪林弹雨，用生命守护着信件。最终，他的付出也得到了应有的回报——一枚代表着军人荣誉的英雄奖章。

很多人心存这样的想法：人人都在命运之神的掌握之中，所以，只要等待好运降临就行了。这是一个可怕的念头，对人的天赋、智慧、品格祸害最大的莫过于此。要鼓起勇气，拿出勤奋的劲头，采取行动，要经常对自己说："我要完成它！"以这种勤奋的精神做起，没有不成功的。

勤奋不仅是一种积极的人生态度，也是一种成功的人生精神。也就是说，只有真正地付出汗水，才会获得真正幸福的人生。

生活中那些充满乐观精神、积极勤奋的人，总有一股使不完的劲，神情专注，心情愉快，并且主动找事做，期望事业越做越大。

卡内基认为，不少富家的孩子因为抵不住诱惑，而做了财富的奴隶，而一些出身贫贱的孩子，最初做着平凡的工作，成人之后却能成就一番大事业，要知道，享乐惯了的孩子，绝不是拥有勤奋美德的孩子的对手！

败者之所以失败，不是因为他们不具有和别人一样的能力，也不是因为没有人帮助他们，没有人提拔他们，而是因为他们没有足够的勇气、敏锐的观察力、判断力，更没有勤奋的精神。那些成功者则完全不同于失败者，他们只是迈步向前，他们依靠的是勤奋和努力。

俗话说："一滴水三粒粮，万滴汗珠谷满仓。"对理想不倦的追求，使我们不辞生活的劳苦，使我们敢于用汗水涤荡之后的充实同生活中的恶魔作斗争，从而让我们在生命的荆棘中窥见希望的光芒。

约翰是一快餐饮店的老板。勤劳的他，每天都是第一个进入最后一个离开公司的，在他的打理下，餐饮店的生意一天比一天兴隆。而他的儿子却是一个十分懒散的人，大学毕业后一直无所事事，整天到处闲逛，嫌这个工作太辛苦那个工作太无聊，三天打渔两天晒网的，没有一份工作能做超过三个月的，他的这个状态让约翰很担心。

一天，约翰对自己的儿子说："既然你觉得哪儿都不好，那就来餐饮店吧。只要你勤快一点，用心做，这家店我早晚也是要交给你的，有现在的基础，相信你一定会成功的。"

他的儿子听后十分高兴，认为当老板实在是一件太轻松的工作了，于是答应了约翰的要求，而约翰也放手让儿子去经营店铺。

结果可想而知，仅仅一年的时间，这家餐饮店就不仅面临关门的危机，而且还欠下了很多债务。约翰简直不敢相信："你是怎样管理餐饮店的？"

儿子也很委屈地回答道："起初我看客人挺多的，也就没有过多地想什么问题，就按它的状态发展，没想到后来会发展成这样。"

约翰听后，只说了一句话："一切都是懒惰惹的祸。"然而就在此时，他的儿子还不知道是什么原因导致了他的破产，仍在嘟嘟囔囔地说："怎么可能呢？这么大的餐饮店就这样没有了？"

约翰的餐饮店之所以会倒闭，那是因为他的儿子根本没有意识到勤奋的重要性，没弄明白自己作为餐饮店的老板应该做什么，而是想当然地以为什么都是自然而然、水到渠成的事情。正是因为他不能以身作则，给员工起到示范作用，不能给顾客一个放心的服务，才让餐饮店一天天走向败落，"成就"了最后的关门"大吉"。

要知道，人生的路程就是一次勤奋积累的过程，越是勤奋，所得到越多，而懒惰只能让原来所拥有的慢慢荒掉，最后只能携带着厄运一路奔走，而勤劳的人是抵抗厄运的能手，人生没有奇迹，只有勤奋地耕种，才能有所收获。

西点一直教育学员们：要想取得成功，就一定不要懒惰，因为懒惰是人生的一大禁忌，使你的人生之舟在不知不觉中沉没，使一个完好的人变得一无是处，所以要想成为社会中的精英，就不要让懒惰把你包围住。

其实，许多伟大的科学家，他们之所以能够取得令人瞩目的成就，都离不开自身的不断努力。对于他们而言，勤奋是通往成功的关键基石。这其中，牛顿就是一个主要代表。

童年时代的牛顿所生活的英国，还是一个等级制度森严的国家。这就使得在学校里学习好的学生，可以歧视学习差的同学。而牛顿作为一名差生，自然在受歧视之列。

在一次的课间游戏中，大家正玩得兴高采烈，一个学习好的学生无缘无故地踢了牛顿一脚，并骂他是个笨蛋。这件事情让牛顿的心灵受到了刺激，他愤怒之余下定决心发愤读书。从此，他早起晚睡，争分夺秒地勤奋学习。经过刻苦努力，牛顿的学习成绩逐渐提高，不久就超过了曾经欺侮过他的那个同学，而且还名列前茅。

后来，虽然由于受到家庭的影响，年幼的牛顿不得不一度辍学去学习经商。每天一大早，他就会跟一个老仆人到十几里外的大镇子去做买卖。但牛顿非常不喜欢经商，他把一切事务都托付给老仆人经办，自己却偷偷跑到一个篱笆下读书。

一天，他正在篱笆下兴致勃勃地读书，赶巧被过路的舅舅看见。舅舅一看这个情景，很是生气，大声责骂他不务正业，把牛顿的书抢了过去。一看他所读的是数学书，上面画着种种记号，心里非常感动。舅舅不但没有批评他，而且还鼓励他按自己的志向发展。

在舅舅的资助下，牛顿终于如愿以偿地复学了。从此，牛顿更加勤奋，终于成为一个品学兼优的学生，这为他以后的科研工作打下了坚实的基础。

其实，我们每个人只要有百折不回的毅力，有为目标而勤奋苦干的精神，都有获得成功的可能。但你应牢记，成功的可能性就在你自己的生命中，正像参天大树的种子埋在灌木丛中一样，你的成功就是自我的演发掘、培养与实现。

第二章　带着热情工作

公司管理者要善于培养员工的工作热情。在工作中，员工决心越大，工作效率肯定就越高。以这样的热情对待工作，还会乐在其中。

■ 热情是行动的动力

热情和积极心态以及你成功过程之间的关系，就好像汽油和汽车引擎之间的关系一样：热情是行动的动力。只要你凡事都热情地去做，拿出你蕴藏于身的能力，这股力量可以立即改变你人生中的任何层面，能扭转你的环境，使你的美梦成真。

说到热情是行动的动力，使我想起了韩娜在《为自己奋斗》一书中所写的一个故事。李伟是某文化公司的总经理，在他刚创业的时候，他用他的热情为我们谱写了很多的精彩案例。我们知道，在一个企业的创业过程中，如果是在没有资金、没有人才，只有技术和市场的背景下去创业，那么，这种创业过程无疑是一场惊险的冒险，而李伟的创业历程正好给我们说明了这一点，他在刚创业的时候，他凭借着极少的资金，开始了人生的转变，在刚开始的时候，公司就只有他一个人单枪匹马地在商场上撕杀，他一人就担当了众多的角色，他既是领导者，为公司的发展制订了发展目标，他既是技术开发人员，他要把产品开发出来，他既是营销人员，在产品开发出来之后，他要把产品推向市场，他既是清洁工，当办公室很脏时，他要亲自去打扫。更惊奇的是，他在创业时才20岁，看着他那奇貌不扬的娃娃脸，尽管他体现出了一种精明强干，能够适应市场的变化的能力，但还是给父母和朋友们带来了许多的疑问，人们都认为他不具备创业的资格。

但是，正是这样一个长着娃娃脸的人，他竟改变了自己的人生，经过一年的创业之后，他终于取得新的发展，在公司无论是在市场份额还是在人员规模上都有了新的变化，当人们问起是什么因素使他取得发展时，他坦然一笑说："是我的热情，因为在我的每一步发展中，我都抱有极大的热忱，我将自己的每一分精力都倾注到我的创业过程中，在每一天，无论在我身上发生什么样的困难，我都会以热情去对待，于是使我感到无比的快乐。"

李伟的成绩是50%的热情和50%的勤奋换来的，只要你来到他所领导的公司，你也会被他的热情所感染。用李伟的话来说就是："热情是一股力量，它和信心一起将逆境、失败和暂时挫折转变成为行动。借着控制热情你可以将任何消极表现和失败转变成积极表现和经验。"

下面我们再来看一个故事，这个故事就发生在我高中同学的身上。在我上高中的时候，我有一位同学叫赵磊，他一心想当播音主持人。但是，我这个同学从小就口吃得厉害，只要听一听他平日的谈话就知道他要实现当主持人的梦想，这是一件比登天还难的事，人们都认为他要当节目主持人无疑是白日做梦，而且从来就没有一个人去鼓励他，这也包括我在内。

然而，赵磊并不一个被打击之后就停止不前的人。他从书上读到古希腊的一位著名演说家的故事，这位演说家原来和赵磊一样具有口吃的毛病，但是他通过自己在口里含了一粒石子，到海边面对滚滚的浪涛练习说话，终于矫正了这缺陷。看到这个故事之后，赵磊也受到了启发，恰好他家附近一个湖，这个湖碧波荡漾，湖光粼粼，每天还能看到从湖面一掠而过的野鸭。在这样的环境里，赵磊也学起了这个古希腊的演说家，他每天从湖边捡一块正好适合自己练习的石子含在嘴里去练习。经过两年苦练之后，他也最终改掉了口吃的毛病。后来，赵磊终于如愿以偿地实现了他的梦想，当北京电视台的记者采访他时，他说：

“热情从获得某种渴望的结果的愿望开始。每次我开始一项新的计划，无论是为电视节目编剧或为某项新展品作推广活动，我心里都会有某种希望实现的愿望或梦想。转化梦想的流程的第一步是清楚而明确地界定你的梦想并且写下来。当时你也许不了解，不过当你把清楚界定的梦想写下来之后，你就得把对那个梦想的热情的第一个成分存放在心中。

接下来要拥有的就是希望。希望并非只是一种‘愿望’。它不是一种空洞甜蜜的感觉。希望是诚挚期待某个所预期的结果。对这个期待越有信心，或所预见的结果越有可能，希望就越大。把你已经开始的梦想化为具体的目标，把具体的目标化为步骤，把步骤再化为任务，会提高你对自己能力的信心，以达成你所预见的结果。这个流程把你对那个愿望或梦想的希望注入你的心中。而希望这个‘爆炸性的’成分为一个人的热情增添了真正的动力。

最后，当你要达成目标去完成各种任务以及把梦想转化为事实的时候，你将体味到满足与喜悦。当你经历过这种满足与喜悦后，它将进一步增加你对追求更高成就的热情。这是一种滚雪球效应，更多的成就产生更多的喜悦，更多的喜悦产生更多的热情，更多的热情产生更多的成就，更多的成就又产生更多的喜悦。因此，虽然一开始你的热情、喜悦与成就可能是一个小雪球，但是在它滚到山底之后，它将变得巨大无比。所以，转化梦想的流程不只是一个把梦想化为事实的工具，它也是一座‘处理厂’，它把热情的三种必要成分注入你的心中：愿望、希望与喜悦。”

可见，热忱与对事业的执著追求，使赵磊不仅改变了自己的缺点，还成就了赵磊一生的辉煌。同时，从他的身上我们也真正地感受到：无论我们现在的工作多么的微不足道，只要我们能以自己的工作为荣，用进取不息的认真态度、火焰似的热忱、主动努力的精神去工作，那么用不了多久，我们就会从平凡的工作岗位上脱颖而出，崭露头角。甚至，这种以工作为荣、积极主动的精神会帮助我们取得更辉煌的成绩。

■让自己充满热情

西点军校的戴维·格立森将军所说："要想获得这个世界上的最大奖赏，你必须拥有过去最伟大的开拓者所拥有的将梦想转化为全部有价值的献身热情，以此来发展和展示自己的才能。"

当然，在我们的工作中，我们的辉煌业绩也少不了热情。例如，同样一件工作，在颠峰型者的眼中和在非颠峰型者看来，会成为不一样的事情。颠峰型者看见机会，非颠峰型者却看见障碍。全力以赴的颠峰型者能看见事情的积极面及其有可为之处，不投入的人却只看见难以克服的困阻，很快就气馁灰心，这是因为他们投入的心态不同。

你愈投入，事情就愈显得容易。当你认真地想做，一切都变得很有可能，没有什么是太麻烦或太困难的。障碍就像田径赛的栏栅，等着被征服。外来的干扰会被视为学习的机会，并能激励人继续进步。投人愈强烈，工作变得愈可行，信心就会跟着大增。

反之，投入意愿很低的时候，任何事都会对你产生威胁。事事让你感到棘手、头痛，精力与热情也跟着低落，结果就像必须用双手推动一堵顽强牢固的墙似的，费好大的劲儿才能完成某件事情。

这就是说，热情是我们走向成功的助推器，如果我们对任何事情都充满热情，我们就不会推卸责任、随意指责他人，这就是在此态度转变过程中最常见的表现。这时候，要想避免发生自我毁灭的行为，我们必须立刻调整方向，控制自己的负面情绪，同时想办法增添自己的活力，转变工作态度，并努力地付诸行动，将自己的生活从泥沼中拔出来，因为“湿火柴是点不着火的。”

我们应该每天问问自己：我有多高的易燃指数？我的内心是否有激情在燃烧？自己是否否具有炙热的发光、发热的火焰的人？我是否热爱现在的工作？我每天的工作是否开心快乐？

点燃内心深处热情的火苗，自己对于工作的热忱要靠自己发掘，不要怀抱着不切实际的想法，以为别人会负责为你加油打气，或是给你更刺激、更具挑战性的工作。

我曾经问那些求职者：“你为什么选择我们公司？”

其中，多数人的回答是：“我想，贵公司可能会适合我的工作。”

听到这种回答，我无比惊讶。

于是，我对他们说：“对不起，我们没有那样的工作，只有许多热爱自己工作的人。”

这就好像西点军校上尉艾赛巴克·尼尔曾说过：“我们从不把西点军校的生活看作是乏味的事情，我们从军事训练中获得更多的意义。”西点学员从学习当中找到乐趣、尊严、成就感以及和谐的人际关系，这是他们作为一个合格军人所必须承担的责任。

西点军人依靠热忱成功，在现实的工作岗位中也是如此。毕业于西点军校的著名棒球运动员杰克·沃特曼正是凭借着热情，创造了一个又一个奇迹。

“当我退伍后，我加入了职业球队，但不久，遭到有生以来最大的打击，因为我被开除了。我动作无力，因此球队的经理有意要我走人。他对我说：‘你这样慢吞吞的，哪里像是在球场混了20多年。杰克，离开这里之后，无论你到哪里做任何事情，若不提起精神来，你将永远不会有出路。’

“本来我的月薪是175美元，离开之后，我参加了亚特兰大球队，月薪减为25美元，薪水这么少，我做事当然没有热情，但我决心努力试一试。待了大约10天之后，一位名叫丁尼·密亭的老队员把我介绍到罗杰斯曼顿镇去。在罗杰斯曼顿镇的第一天，我的人生有了一个重大的转变。我想成为德克萨斯最具热情的球员，并且做到了。”

“我一上场，就好像全身带电一样。我强力地击出高球，使接球手的双手都麻木了。记得有一次，我以强烈的气势冲入三垒，那位三垒手吓呆了，球漏接了，我就击垒成功了。当时气温高达华氏100度，我在球场上奔来跑去，极有可能中暑而倒下去。

“这种热情所带来的结果让我吃惊，我的球技出乎意料地好。同时，由于我的热情，其他的队员也都兴奋起来。另外，我没有中暑，在比赛中和比赛后，我感到自己从来没有如此健康过。第二天早晨我读报的时候异常兴奋，《德克萨斯报》说：‘那位新加入的球员，无异是一个霹雳球手，全队的其他人受到他的影响，都充满了活力，他们不但赢了，而且是本赛季最精彩的一场比赛。’由于对工作和事业的热情，我的月薪由25美元提高到185美元，多了7倍。在后来的2年里，我一直担任三垒手，薪水加到当初的30倍之多。为什么呢？就是因为一股热情，没有别的原因。

哈佛大学商学院丹尼斯·辛莱克教授对500家公司做过一个调查，结果显示：有80%的员工视工作为苦役，而且迫不及待地想要摆脱工作的桎梏。这是因为什么呢？这是因为他们缺少了热情。如果一个员工缺少了热情，他们一旦遇到挫折或者遇到失败，他们就会找各种借口来为自己开脱，比如说自己的身体有健康问题，是因为外在环境影响而没有发挥等等。但是，一旦你仔细去研究他们的内心世界，你就会发现，造成这种结果的并不是他们影响他们的外在环境，而是他们自己身上缺少了一种东西，这种东西就是热情。如果他们具备了热情，他们就不会无精打采地去学习、磨磨蹭蹭地去工作。实际上，正是这些因素决定了他们能够在工作中去积极行动。因此，热情对于一个员工来说，就如同生命一样重要。

■培养热情的态度

热情的态度是做任何事情的必要条件。有许多人都对他们所从事的工作或正要去处理的事缺乏热情，而培养热忱要做的首先就是去处理你最不感兴趣的事。而在努力工作后，你会发现，这些事并不如你以前所想的那样无趣或困难。任何一个员工，只要你具备了这个条件，都能获得成功。

我们举个例子来看吧！饿亥俄州克里夫兰市的史坦·诺瓦克下班回到家里，发现他最小的儿子提姆又哭又叫地猛踢客厅的墙壁。小提姆过十天就要开始上幼儿园了，他不愿意去，就这样以示抗议。按照史坦平时的作风，他会把孩子赶回自己的卧室去，让孩子一个人在里面，并且告诉孩子他最好还是听话去上幼儿园。由于已了解这种做法并不能使孩子欢欢喜喜地去幼儿园，史坦决定运用刚学到的知识：热忱是一种重要的力量。

他坐下来想："如果我是提姆的话，我怎么样才会乐意去上幼儿园？"他和太太列出所有提姆在幼儿园里可能会做的趣事，例如画画、唱歌、交新朋友等等。然后他们就开始行动，史坦对这次行动作了生动的描绘："我们都在饭厅桌子上画起画来，我太太、另一个儿子鲍布和我自己，都觉得很有趣。没有多久，提姆就来偷看我们究竟在做什么事，接着表示他也要画。‘不行，你得先上幼儿园去学习怎样画。’我以我所能鼓起的全部热忱，以能够听懂的话，说出他在幼儿园中可能会得到的乐趣。第二天早晨，我一起床就下楼，却发现提姆坐在客厅的椅子上睡着。‘你怎么睡在这里呢？’我问。‘我等着去上幼儿园，我不想迟到。’我们全家的热忱已经鼓起了提姆心里对上幼儿园的渴望，而这一点是讨论或威胁、责骂都不可能做到的。”

有人常常问马登：“怎样才能培养起火一样的热忱呢？”马登告诉他们有以下几种方法可以尝试：

（1）制定一个明确的目标。

（2）清楚地写你的目标、达到目标的计划，以及为了达到目标你愿意付出的代价。

（3）用强烈欲望作为达到目标的后盾，使欲望变得狂热，让它成为你脑子中最重要的一件事。

（4）立即执行你的计划。

（5）正确而且坚定地照着计划去做。

（6）如果你遭遇到失败，应再仔细地研究一下计划，必要时应加以修改，别只因为失败就变更计划。

（7）断绝使你失去愉悦心情以及对你采取反对态度者的关系，务必使自己保持乐观。

（8）切勿在过完一天之后才发现一无所获。你应将热忱培养成一种习惯，而习惯需要不断地收起。

（9）必须以达到既定目标的态度推销自己，自我暗示是培养热忱的有力力量。

（10）随时保持积极的心态，在充满恐惧、嫉妒、贪婪、怀疑、报复、仇恨、无耐性和拖延的世界里不可能出现热忱，它需要积极的思想和态度。

有一个词语叫做“满腔热忱”，意思是我们要对自己所做的事情充满激情，而激情的实质是要发泄或者说显示自我。热忱是可以激发的，又是可以控制的，它可以从一个人身上传递到另一个人身上。热忱的能量与无线电信号相似，可以传遍全世界。热忱可以发送，可以接收。当一群人拥有了某种热忱，它便形成一股强大的力量。尤其是在追寻梦想的时候把热情带进来是很重要的，如果你要做大梦并且希望实现它们的话。这种燃料一旦点燃，将会让你的“飞机引擎”在飞行期间生气勃勃地持续运转。有史以来，热情驱使着世界上最杰出的人士在他们工作的领域达到人类成就的巅峰，而热情也会为你做同样的事。

美国最著名、最受人敬仰的总统西奥多·罗斯福很早就有一个梦想：希望美国的船只能够直接从太平洋开到大西洋，而无须远远绕到南美洲南端的合恩角去。要实现这个愿望，有许多困难需要克服。

首先，他遇到了国人的反对，这些人没有预见到开挖运河所能带来的巨大经济繁荣前景。他还遇到了世界上其他国家领导人的反对，他们不希望主持这一大型工程的权力落到美国人的手里。南美洲的国家首脑则由于他们国家的主权受到侵犯而提出反对意见。罗斯福总统没有被这些反对意见所吓倒。他对这个理想抱着热忱，同哥伦比亚和巴拿马两国政府进行谈判，终于取得了从大西洋岸边的科隆岛至太平洋岸边的巴拿马城开凿一条运河的权力。

问题并没有全部解决，由于中美洲的蚊子和黄热病，全盘计划几乎搁浅。罗斯福总统以其特有的风格解决了这两个困难。为了对付黄热病，医药发明出来了；为了对付蚊子，又生产出了杀蚊剂。他开凿运河不光为了通航，还要把这个地区变成旅游胜地。他意识到，要是健康得不到保障，人们就不会观光游览。当运河开凿完成时，巴拿马城已成为了卫生的样板。这是罗斯福总统的热忱与决心得到的报偿。

第三章　对待工作要敬业

敬业精神是现代社会所倡导的，也是所有公司企业生存所必需的。任何一个公司都欢迎敬业的员工的加盟，同时也在给予现有员工必要的激励以使他们更加敬业。

■敬业是工作使命所在

在我们的工作中，我们可以看出一个敬业的员工和不敬业的员工有着很大的差别，敬业的员工往往晋升很快，其敬业意识深植在他的脑海里，做起事来积极主动，并从中体会到快乐，从而能获得更多的经验和取得更大的成就。不敬业的员工往往得不到提拔和重用，工作也无业绩可言，结果往往抓不住成功的机会。

敬业就是敬重并热爱自己的工作，把工作当成自己用生命去做的事，并为此付出全身心的努力。换言之就是，敬业就是尊敬、尊崇自己的职业。如果一个人以一种尊敬、虔诚的心灵对待职业，甚至对职业有一种敬畏的态度，那他就已经具有了敬业精神。但是，他的敬畏心态如果没有上升到敬畏这个冥冥之中的神圣安排，没有上升到视自己职业为天职的高度，那么他的敬业精神就还不彻底、还没有掌握精髓。天职的观念使自己的职业具有了神圣感和使命感，也使自己生命信仰与自己的工作联系在了一起。只有将自己的职业视为自己的生命信仰，那才是真正掌握了敬业的本质。这是詹姆斯·H·罗宾斯所说的敬业所要达到的高度。可是，因为没有几个人可以做到敬业如敬生命一样，因此也就没有几个人能够取得真正意义上的成功。

有这样一句话：像信仰上帝一样信仰职业，像热爱生命一样热爱工作。松下电器的创始人、被人们称为“经营之神”的日本著名企业家松下幸之助先生在创业之初，曾经亲眼目睹信徒在寺庙里虔诚而愉快地参加义务劳动，他万分感慨地说：“如果企业的员工能够带着宗教般的虔诚投入到工作中去，那么企业肯定会无往而不胜！”英国哲人杜曼也曾经说过：“成功的第一要素是什么？那就是热爱你的工作。”

将工作本身看成一种神圣的使命能极大地调动人的积极性，你对企业的责任感会随着自己完成使命的行动而越来越大。

富兰克林从一个印刷厂的学徒工成为一个州议员、政治家、科学家，进而成为美国开国元勋的人生历程，除了用富兰克林本身具有的强烈的使命感解释之外，别无其它解释。正是他领悟和实践着他神圣的使命感，才使他从不停止对工作的勤奋、对知识的渴求、对公共事务的热衷、对人类政治正义的不懈追求，是事业上的强烈使命感，成就了富兰克林。

战胜挑战、完成使命的经历，可以使人的个性特长进一步得到加强，比如领导能力、合作能力、沟通技巧、逻辑思维能力、赞扬他人以及学习能力等。富有使命感的员工都有一个相同的理想：投身于社会，为个人和企业做出应有的贡献。使命具有两方面的内容，在进行自我实现的同时，促成其他人、组织目的的实现。所以富有使命感的员工的生活也具有两重性，既要获得个人事业的成功，又要拥有对于成功团队的归属感和自豪感。

由此可见，敬业提倡的不仅仅是为了把工作做好，给老板一个交代。更关键的是，敬业是一种使命，是一种崇高的精神态度，是取得成功的所必须具备的品质。

一个人只要有了敬业精神，就能够以一种尊敬、虔诚的心灵对待职业，甚至对职业有一种敬畏的态度。只要他拥有了这种态度，我们就可以说，他已经具备了敬业精神。这是从个人的角度来讲，如果从公司的发展的要求来看，任何一个公司都需要脚踏实地的人才，只有公司拥有将自己的职业视为自己的生命信仰的员工，才可以说是真正地掌握了敬业的本质。

IBM公司的创始人沃森非常看重“敬业”这个问题，并将“敬业”和“思考”作为公司追求的永不终止的信条和追求。他认为，加入一个公司是一种要求员工绝对忠诚敬业的行为，是对自己人生价值的肯定和再造。

沃森曾对员工说：“如果你是忠诚敬业的，你就会成功。只要热爱工作，就会提高工作效率，忠诚敬业和努力是融合在一起的，敬业是生命的润滑剂。对工作敬业的人没有苦恼，也不会因困惑而动摇，他坚守着航船，如果船要沉没，他会像一个英雄那样，在乐队的演奏声中，随着桅杆顶上的旗帜一起沉没。”

IBM一直坚守着这个信条，并将其渗透到企业的各个层面，使每一个员工都在这一思想和精神的熏陶下，持久地忠诚敬业于IBM公司，并形成一种强大的凝聚力和向心力。

当然，不是所有敬业的人身上的敬业精神都是与生俱来的，对大多数人而言，敬业精神是需要培养和锻炼的，这种培养和锻炼的起点就是迈入职业的那一刻。从你的第一份工作开始，就要对工作认真负责，就要积极主动地工作，这样经过一段时间，敬业便成了一种自然而然的习惯，即使换到其他的职位上也会一如既往。可见，在职场上，敬业精神是相通的，它将会使职业人士终身受益。

■把敬业养成一种习惯

敬业是一种美德，一种习惯，一种人生态度，是最基本的做人之道，也是成就事业的首要条件，是培养火种的薪柴。无论从事什么工作，都请记住，敬业不仅仅是为了工作或者别人，更是为了自己。即使一个人生下来就是老板，也必然在其他方面敬业负责才有前途，更何况绝大多数人都必须在某种社会组织中，无论是企业、机关，还是学校中来奠定自己的事业和职业生涯。要么离开，要么投入，只要你还是这家公司的一员，就应当抛开任何借口，投入自己的忠诚和责任，一荣俱荣，一损俱损。可以想像，当你把身心彻底融入公司，尽职尽责，时时处处为公司着想。对他们能够对投入承担风险的勇气报以钦佩，设身处地地理解企业主那种赔掉家产以至破产的压力，那么，任何一个老板都会视你为相见恨晚的知己、公司的支柱，视你为他企业发展的不可或缺的忠实伙伴。在忠诚、敬业和信任的各种关系中，继之而业的是全面的信任、委以重任，给你施展抱负的广阔舞台，你的事业成就便胜券在握、指日可待。

如果一个人没有敬业精神，就不要奢谈什么成功，就不要谈为公司负责，对工作负责。毕竟在当今社会中，一个人是否具备敬业精神是衡量员工能否胜任一份工作的首要标准，因为它不仅关系到企业的生存与发展，更关系到员工的切身利益。

员工对工作的不负责，就是对自己的人生不负责，对自己的生命不负责任。一个勤奋敬业的人也许并不能获得上司的赏识，但至少可以获得他人的尊重，并会一辈子从中受益。如果我们能够在职场上的每个时刻，在每一件小事上都保持这股精神，我们就能慢慢地将此养成一种习惯，敬业也就水到渠成了。这就是说，我们应该把敬业当成一种习惯，有了这种习惯，就不愁在事业上无所成就了。是的，也许你的职业是平庸的，如果你以尽职尽责的态度去工作，你也能获得极高的赞誉。

对绝大多数人而言，事业是我们生命中最重要的部分。敬业是一种人生态度，是珍惜生命、珍视未来的表现。如果在你的工作中没有了职责和敬业，你的生活就会变得毫无意义。不管我们从事什么样的工作，平凡也好，令人羡慕也好，都应该尽职尽责，求得不断的进步。

杨海燕是一家IT传媒公司新来的前台人员，她每天的工作就是不断地接待前来公司拜访的人员。除此之外，她还要不断地帮助公司的一些领导整理、收集、复印、打印各类文件材料。在公司的其他员工看来，杨海燕的工作显得枯燥乏味，甚至认为她就是一个为公司打杂的女职员。但杨海燕并不这样认为，在她看来，她觉得自己的工作很有意思，她说："我每天完成我自己的工作就是对公司的忠诚，就是对我的职业负责，就是一种敬业，我不管别人说什么，只要我尽职尽责地工作，我就感到非常的快乐。"

在这种动力下，杨海燕每天尽职尽责地做着属于自己的工作，久而久之，她发现公司在管理上还存在着很多问题，甚至公司的一些经营也存在着不可忽视的问题。

在杨海燕发现公司存在着这些问题之后，她每天除了完成必须做的工作外，还认真搜集一些资料，包括那些过期的材料。她把搜集到的资料整理分类，查询了很多经营方面的书藉并进行认真分析，然后写出建议。

就这样，经过一段时间的努力之后，她终于写出了一份建议书，然后她连同自己日常收集的资料和自己做的建议书交给公司总经理。起初，公司总经理也没有在意她的这份建议书，顺手就把它放在了办公桌上。

大约过了一个星期之后，公司总经理才无意识地看到了这份建议书，并重头到尾地读了一遍。在总经理读完之后，他才感到事态的严重，但他一时想不起这份建议书是谁写的，于是他开始到各个部门去查询。当他最后知道这份建议书是出自一位前台人员时，这让总经理非常吃惊：这样的一个前台人员，为什么能够发现这么多公司存在的问题，而且所撰写的建议书竟然拥有这样缜密的思维不说，并且分析得细致入微，有理有据。

第二天，公司总经理就召开了各部门会议，并决定采纳杨海燕所提的多条建议。从此，公司总经理对这位前台人员另眼相看，并委以重任。但杨海燕认为，她只是尽职尽责地做好自己的份内工作而已，从公司的角度来讲，她这样做是天经地义的，在她看来，如果出现了问题不能生存下去，她也就失业了，所以她没有必要一定要得到公司奖励，这是她应该做的事。

在公司总经理看来，他为公司拥有像杨海燕这样敬业的员工而感到欣慰，而杨海燕的敬业也为她赢得了发展的机会。

当我们将敬业当作一种习惯时，在全心投入工作的过程中就会充满快乐。在今天，能够把敬业培养成一种习惯的人实在是太少了。世界需要这样的人：忠诚、机智、认真负责、充满活力、足智多谋、坚持不懈和勤奋进取。然而，在很多人看来，他们的工作敬业是为了领导，为了企业，自己却没有得到多少。事实上呢？最大的获益者却是我们自己，因为敬业的人能从工作中学到比别人更多的经验，而这些经验便是你向上发展的垫脚石，就算你以后从事不同的行业，你的敬业精神也必然会为你带来助力！因此，把敬业当成习惯的人，从事任何行业都很容易成功，都会是企业的顶梁柱。

养成敬业的习惯之后，或许不能为你带来直接而可观的好处，但可以肯定的是，如果你养成了一种“不敬业”的不良习惯，你的成就一定会相当有限，你的那种散漫、马虎、不负责任的做事态度已深入你的意识与潜意识，做任何事都会抱着“随便做一做”的思想，结果可想而知。

■敬业容易获得成功

在从多的经营要素中，是什么决定了一家公司蒸蒸日上而另一家公司却步履维艰呢？是人，是这个人工作中有主见，勇于承担责任，表现出一种忠于公司，忠于组织，对自己的工作敬业如魂的人。我们知道敬业是表现出自觉自动精神的人，不管这个人是如何默默无闻，最后他的价值都会得以体。如果你不能敬业，你就无法让自己得到令人羡慕的本领，就永远都不可能精于业。敬业的目的是精于业，而不是知道皮毛就足矣。

一位总统在得克萨斯州一所学校作演讲时，对学生们说："比其他事情更重要的是，你们需要知道怎样将一件事情做好，与其他有能力做这件事的人相比，如果你能做得更好，那么，你就永远不会失业。"也就是说，知道如何做好一件事，比对很多事情都懂一点皮毛要强得多。

有位朋友曾经这样说过："如果我们在工作中能够像冲锋在战场上的勇士一样，能够冒着生命危险去完成一项艰险的任务，不计荣耀、奖赏和回报。有筚路蓝缕，披荆斩棘，历尽千难万险去完成一个任务的精神。你在工作中还有什么可惧怕的呢？"

想想看，我们自己如何呢？我们常会抱怨自己的奋斗和付出没有得到预期的回报而抱怨不休，会埋怨自己的理想和目标总是没有实现。所以说，在现实生活中，我们常常会遇到这样那样的困难，困难会使我们受到挫折和打击，怎样才能成功呢？我的答案是，只有我们有一颗坚强百折不挠的心，虽然屡遭挫折，却吃得消，我们就能够走向成功。有许多人都曾为一个问题而困惑不解：明明自己比他人更有能力，付出更多，但是成就却远远落后于他人，这是什么原因造成的呢？因为他们没有记住罗斯福对我们的告诫，他说："只要你能利用现有能力、现有环境，做自己想做的事，你就能比其他人成功。"毕竟成功不是成名与立功，而更是你自己的成熟并与社会同功。个人的成功当然不与社会的成功、他人的成功完全一致，但这无疑是处在一个系统中的。从最根本来看，个人的成功源于社会的成功。我们只要对社会做出贡献，才能说是真正成功与幸福的。可见这其中有很重要的两点：一，要发挥个体的主观能动力。二，要完全自觉地与社会、他人协调好关系。两者缺一不可，否则就无法成功。

因此，无论我们从事什么职业，都应该具备渴望完成自己的工作，对自己的目标抱着初恋般的热情。只有我们能够百折不挠去达到自己的目标，不计荣辱，才能使自己变得比他人更成功，就能赢得良好的声誉，也就拥有了一种潜在成功的秘密武器。

有一个人曾经就个人努力与成功之间的关系请教一位伟人："你是如何完成如此多的工作的？"，"你是如何取得成功的？"

这位伟人最后告诉了他成功的秘密武器。不允许任何绊脚石阻挡自己的道路。任何事情都不能阻止他去完成自己的任务。为此他还反问道：你愿意像《把信送到加细亚》这本书中所描写的罗文一样，负重前行，去为事业而奋斗吗?

我们知道，罗文在送信的过程中，他千方百计克服困难，去完成自己的任务。丛林密布、山峦险峻、蛇毒水臭、蚊虫叮咬、敌军穿梭，他都无所畏惧。整整三个星期，他在密林中辗转前行，徙步穿越了险恶之地，完成了自己的使命。

这就是说，做事一丝不苟的精神能够迅速培养起一个人的敬业精神，使其获得超凡的智能。如果有敬业精神，甘愿并且有能力为此而行动，你就能够激励更多的人往好的方向前进，你就能够鼓舞优秀的人追求更高的境界。所以说，无论我们做任何事，务必竭尽全力，因为它可以决定一个人日后事业上的成败。一个人一旦领悟了这一秘诀，他就等于他已经掌握了打开成功之门的钥匙，就能在敬业的基础上精于业，就会获得不小的成就。

■敬业使你更受欢迎

我们知道，蜜蜂的天职是采集花粉酿蜜，猫的天职是抓捕老鼠，而狗的天职是保护主人的家园。人同样有着自己神圣的职责，那就是通过工作来完成人生的价值和使命。这就要求我们有高度负责的敬业精神，一个失去职业精神的人，就不把自己眼前的工作同自己的人生使命和个人价值结合起来。

敬业的员工之所以受欢迎，不仅因为他们能向老板有交代，更重要的是他们认识到了敬业是一种使命，是一种责任精神的体现，这样的员工会真正为公司的发展做出贡献，他们自己也才能从工作中获得乐趣和财富，从而更好工作。

曾经担任日本著名大企业东芝株式会社社长的士光敏夫对员工要求非常严厉。他告诉他的员工说："为了事业的人请来，为了工资的人请走。"唯有了共同事业的人聚集在一起才能将事业做大，当企业面临困难的时候，他们才会同舟共济。而那些为工资而来的人只看重企业给他们的待遇，若有一天企业出现困难，他们就会一走了之，重新寻找能满足他们物质要求的企业，更严重者他们甚至会无中生有，满无不讲理地把企业告上法律部门。

这就是在职场上常见的两类不同的人，一类人敬业，在工作中认真做事，有始有终，自觉地处处为公司着想；另一类人不敬业，对工作不负责，常常偷懒。只有前一类人才会做出大成绩，才会有在职场上得到老板器重，最终出人头地。

曾经有一位利用假期到东京帝国饭店打工的女大学生，最初被分配到清洁组里洗厕所。当她第一天将手伸进马桶刷洗时，差点当场呕吐。勉强撑过几日后，实在难以为继，就决定辞职。和她一起工作的一位老清洁工为了劝告她，居然在清洗工作完成后，从马桶里舀了一杯水喝下去。她看得目瞪口呆，但老清洁工却自豪地表示，经他清理过的马桶，干净得连里面的水都可以喝下去。老清洁工的这个举动给了她很大的启发，让她了解到所谓的敬业精神，就是做任何工作，都有理想、境界与更高的质量可以追寻。而工作的意义和价值，不在其高低贵贱如何，却在于从事工作的人，能否把重点放在工作本身并用心去做。此后，再进入厕所时，她不再引以为苦，却视为一种自我磨炼与提升，每次清洗完马桶，她总是扪心自问："我可以从这里面舀一杯水喝下去吗？"假期结束，当经理验收考核成果时，她在所有人面前，从她清洗过的马桶里舀了一杯水喝了下去！

她的这个举动同样震惊了在场所有人。毕业后，大学生顺利进入帝国饭店工作。而凭着这种简直匪夷所思的敬业精神，37岁之前，她成了日本帝国饭店最出色的员工和晋升最快的人。37岁以后，她步入政坛，最终在大选中成为日本内阁邮政大臣！这位女大学生的名字叫野田圣子。直到现在，这位被认为极有潜力角逐首相之位的内阁大臣，每次自我介绍时也还是说："我是最敬业的厕所清洁工，和最忠于职守的内阁大臣。”

敬业的员工，会把自己所从事的工作当成生命中的一项最伟大的事业来做，即使他们遇到各种各样的困难，也能提高负责的态度，为工作付出全部的努力。当敬业精神植根于一个人的脑海之后，他做起事来就会积极主动，并能从中寻找到人生的乐趣。

李雷大学毕业后，进入一家研究所工作。在这家研究所里，大部分人都有着硕士或博士学位，只有李雷一个本科生，所以，在心里上压力很大。

但是，工作了一段时间后，他发现所里的大部分职员都根本不把工作当回事，对自己的本职工作也没有认真负责的精神。不是在工作中玩乐，就是利用上班的时间搞自己的“第三产业”，而把自己的本职工作丢在了一边。但这一切并没有影响到李雷。

每天上班，李雷一头扎进了工作之中埋头苦干，还经常加班加点。很快他便提高了自己的业务能力，不久后成了所里的“顶梁柱”，并逐渐升迁为所长的助手，几年后他被提拔为副所长。当年事已高的老所长退休时，他便顺利地成了接班人。

一个敬业的员工和一个不敬业的员工的差别是显而易见的。敬业的员工，哪怕在最普通的岗位上，都能全力以赴，用自己最大的热情，释放出自己最强的能量，做出最出色的业绩。缺乏敬业精神的员工，即使在最优越的岗位上，也只能是消磨度日，当然也毫无业绩可言。一个老板，不会不欣赏一个敬业的员工，也绝对不会欣赏一个不敬业的员工。

所以说，无论你身在何处，无论你从事什么样的职业，敬业精神都是你必须具备的。全心全力投入到工作中去，勤勤恳恳，任劳任怨，只有这样你才能成就一番事业。

■把敬业进行到底

我们经常要讲“爱岗敬业”。我们不敢苛求每个人都“爱岗”，但是敬业却是做人最起码的行为准则和道德规范。一个人由于种种社会、历史、机遇等原因，你可能对目前的工作不太满意，但是这绝不是你可以不敬业的原因。换句话说，你可能不“爱岗”，决不可以不“敬业”。

既然你已经选择了现在的职业，就是对社会、对人生、对未来做出了承诺。即使你想“跳槽”，只要你还在目前的岗位上工作一天，都应认真完成每一天的工作。做一天和尚就要把这一天的钟撞好。

大学毕业后，小李一直在深圳的一家小公司上班，做的是专业技术工作，与小李所学的专业很对口，待遇也算可以，小李没有任何理由不卖力工作。两年后，小李突然不那么卖力了。原因很简单：北京的一个大公司突然给小李发来邀请，待遇比小李当时的多三倍。

对小李来说，这是一个非常难得的机会。小李激动了好一阵子，但转念一想，公司就自己一个技术员，如果自己走了，公司里一时没有人来代替自己，那将面临一种怎样尴尬的状态呢？想来想去，小李决定暂时不离开这个公司。

考虑清楚之后，小李把自己想去北京工作的事告诉了领导：“虽然这个机会对于我来说是很难得的，但是我知道我走了之后，这里将面临一个尴尬的状态，就是暂时没有技术员，所以想等到公司里找到新的技术员之后，我再离开。”经理听了，眼睛睁的大大的，对小李说：“小李啊，这真是一个好机会啊！恭喜你！我们马上找到新的技术员来顶替你的。”

于是，小李留在原单位，还是像往常一样上班下班。想到自己就要离开这里了，就要和自己工作了两年的同事分手了，心里还是挺留恋的。这也使得小李越发努力地工作了，生怕自己走了之后，有什么地方做得不够好，留下什么“尾巴”要别人来处理。那样小李的心里会很过意不去的。

可是这个时候并不是就业的高峰期，而且小李这个专业的人很难找。再加上公司对技术人员要求都很高，不仅要有专业知识，还要有经验。很多刚毕业的学生有专业知识，但没有经验，因此，招聘信息都发过去一个月了，还是一点好的消息都没有。

要命的是，这时北京那边开始电话催小李，他们说：“如果你还不来，我们就要换别人了。”听他们这么一说，小李也急了。但是再着急，也不能扔下手头的工作就走，这不是小李的工作作风。于是，小李狠了狠心，对他们说：“我不是不想去你们那里工作，我是要对目前的工作负责，如果我走了，这里没有人代替我的工作，请你们再等我一段时间吧。等这边找到了技术员来代替我，我马上就过去。”

北京那边很着急地对小李说：“我们这里也是很着急用人，你的责任心我们可以理解，但也不能因为你而耽误公司的业务进程。

同时，你也不能因为这个而耽误自己的前程啊，毕竟机会不是天天都有的。”

小李只好真诚地对他们说：“实在对不起，我真的不能一走了之。这里只有我一个技术员，如果我走了，工作将无法进行，损失也会很大。如果你们不能等我三个月，我宁愿放弃，虽然这不是我愿意的，但也没有其它更好的办法了，因此，请你原谅。”话虽然这么说，但是小李的心里还是很担心他们换人。如果那样，小李也就失去了一个大好的人生机遇。

小李的好朋友劝告他说：“我看你还是离开吧！你就是走了，也没有人会埋怨你什么的，机遇对于任何人来说可能都只有一次，你为什么这样固执呢？”朋友的话很有道理。但是小李还是认为自己应该对这个公司负责，所以他还是决定等公司招到新的技术员后再离开。

又过了一个月，公司终于招聘来了技术员——小陆。小陆刚毕业，没有实际工作经验，如果不是因为小李要离开，公司缺人，他是不会被录用的。为此，经理专门找小李谈话：“小李，小陆没有经验，我希望你能教他几天再走。”小李虽然心里很着急，但还是点头了。从此，小李就带着他，在实际工作中，告诉他应该怎样做。

半个月后，小陆对一些专业知识的应用还是不熟练，经理又找小李谈话，说很感激小李的做法，告诉小李不要因为这个“责任”，而把自已的机会给错过了。可小李觉得这么长的时间都过来了，还是应该把小陆教会了再离开比较好。又过了半月，眼见小陆已适应了工作，小李才托人去买了北上的火车票。

在小李离开的前一天晚上，公司领导和同事们一起为小李送行。小李永远都忘记不了那一晚，小李的眼睛为那个场面红了好几次，因为在频频的举杯中，无论是小李的领导还是同事，都一次地嘱咐小李："小李，如果你在那边工作，做得不开心了，你就回来， 我们这里的大门永远都是向你敞开的。"虽然小李这时候是很清楚和明白的，自己不可能再回来，但是小李的泪水还是不由自主地流了出来……

经理拍着小李的肩膀对小李说："小李，到了北京社么时候不开心了，就给我打电话，这里永远是你的家，我们都是你的亲人，是你永远的大后方。"

虽然小李知道很多话都是酒席上说的客气话，自己从来没想过还要回来，也没有想过如果真的回来了，他们是否还要自己，但是小李却为之感动着。

北京的大公司还在等着小李。到车站接小李的经理对小李说，是因为被小李的责任心感动了，他才宁愿等小李三个月而不另招聘新人。

"其实，任何一个公司都很在乎职员的责任心，特别是对于技术员来说，有时责任心是比技术更重要的东西。"他像小李原来的经理那样，拍着小李的肩膀对小李说："好好干！"小李立刻感觉自己热血沸腾。晚上，躺在北京公司为自己准备的宿舍里，小李想了很多，心里充满感激。

在北京的前三个月，小李工作很出色，很得领导的赏识和信任，同事的关系也很好。小李一直以为自己会永远这样下去。但是小李没有想到，事情会突然发生变化……

招聘小李的那个经理被调离了岗位，新代替他的经理对公司进行了改革，很多的岗位都换上了他自己的亲信。因为小李是原来经理招聘过来的，又是在工作之初就受到重视的员工，新来的经理就认为小李是原来经理的铁杆员工。于是，无情地将小李也换了下来。

一切都像做梦一样，小李失业了。在北京风风火火工作了三个月之后，小李失业了。那天晚上，小李喝了很多酒，醉意中，小李想起了深圳那家公司，想起了经理原来说的话，此时此刻，“独在异乡为异客”，经理的话让小李感觉如同亲人一般。小李很想找个人述说一下，于是，小李给那里的经理打了电话。

当经理仔细倾听小李说完之后，停了一会，他对小李说：“小李，你还是回来！”小李愣了：“你们不是找好人了吗？我再回去，还行吗？”

“这样吧，”经理对小李说，“你耐心地等几天，我明天把这个消息对公司的领导和同事说一下，我们开个会讨论一下，看看大家的意见。你千万别灰心，耐心等我的消息，好吗？”小李在电话的那头流着泪点了点头。

小李心想，经理是不是在安慰自己啊？怎么会叫自己再回去呢？技术员如今也不缺少了，小陆在这么长的时间里应该已经适应了自己的工作，并很熟悉了。再说，自己原来的公司规模也不大，他们没有必要再请一个技术员，那么自己再回去的可能性就很小了，小李告诉自己，别抱太大的希望，还是好好想想自己以后该怎么办吧！

但是，小李没有想到，第二天晚上他就接到了经理的电话，他对小李说公司里的员工和领导一致同意小李回去。小李听了，泪水就再也止不住了……

经理对小李说："小李，我们这里的条件不好，没有你在北京的工资高，我们不可能给你开那么高的工资的，公司的情况你也很了解，你再回来，工资待遇和原来一样，行吗？"

小李流着眼泪对他说："行，谢谢你。"

经理说："你还记不记得那天我对你说的话，这里永远是你的家，我们都是你的亲人，是你永远的'大后方'。"小李说不出话了……

如今小李仍在深圳这家公司工作。公司已逐渐成长壮大起来，小李也在公司的壮大中壮大了自己的实力，工作更加卖力了。

几年之后，他已经做到了技术总监的职位，他的手下已经发展了几十名技术员了。小李在那段不堪回首的经历中明白了：任何时候都要把自己的责任放在首位，要把工作做完了再走。小李把这个原则告诉了在手下工作的所有技术员，还有自己的故事。

所以说，作为一句员工，任何时候都不能忘记敬业，无论你身处何种环境、什么地位，都要记住：把敬业进行到底。

第四章　对待工作要忠诚

对于企业来说，忠诚能带来效益，增强凝聚力，提升竞争力，降低管理成本；对于员工来说，忠诚能带来安全感。因为忠诚，我们不必时刻绷紧神经；因为忠诚，我们对未来会更有信心。

■做到对老板忠诚

忠诚是什么？忠诚不是叫你从一而终，而是一种职业道德。在这个社会中，流动是很正常的。然而，变化的只是环境，不变的是你的忠诚。它是一种自始至终的责任，对公司的责任，对老板的责任。

在工作之外，要忠诚于自己的家人、忠于朋友。这些理念每个人的理解都不一样，这里就不详细说了。作为一个企业人，首先要忠诚于自己的专业。

我们是为自己负责的，公司用我，因为我有利用价值，因为我是专业的人。因此专业是我们每个人生存和发展的基础，也是取得事业成功的第一保证。有个说法是老板要用“奴才+人才”的人，其中的“人才”就是说，这个人是专业的人。“天救自救者”，一个连自己都不忠诚的人，一个连自己的专业都不忠诚的人，怎么能取得别人的、企业的忠诚呢？所以在工作中要有这样的理念，我首先忠诚于我的专业，专业是我存在的价值。

其次，忠诚是给公司的。企业有企业的发展轨迹，个人有个人的发展轨迹，任何职业生涯规划都不可能让两者完全重合，所以企业人和企业的“交集”不外乎是两到五年时间。所以企业人要有这样的心态，我为公司工作，公司付我薪水，公司给我提供了这样的发展空间，我要充分利用这个空间发展自己的专业技能，提升我的市场价值。有这样想法的员工，就会有良好的职业心态，为公司做出更大的贡献，因此要首先忠诚于专业，其次才忠诚于企业。

另外，诚实、人格、信心、正直、爱情与忠诚是必备的，这样你才能获得健康、财富和快乐。

如果你已经具备以上列出的那些条件，就会拥有更多富裕、更多有价值的人生。你若想成为举重选手，就非得发展你的肌肉不可。同样的道理，你必须具有或发展某些特性，才能挖掘生命中有价值的宝藏。

对于经营者来说，普通员工需要有责任心，中层员工不但要有责任心还要有上进心，而对于高层人士来说最重要的是对公司价值观的认同，要有和公司一同发展的事业心，因此，越往高处走，对忠诚度的需求就越高，相应的，你的忠诚度越高，就越有可能获得提升。

忠诚不是凭口说的，需要经受考验。你忠于公司吗？忠于老板吗？如何能证明你是忠诚的呢？所谓患难见真情，忠诚也是如此。企业面临危机之际，正是检验员工忠诚度之时。但是，毕竟一个企业不可能总处在危机中，发展时期又如何来考验员工的忠诚度呢？于是，老板们就会想出一些办法来制造危机，来“折腾”员工。

查理到某大公司应聘部门经理，老板提出要有一个考察期。但没想到上班后被安排到基层商店去站柜台，做销售代表的工作。一开始查理无法接受，但还是耐着性子坚持了三个月。后来，他认识到，自己对这个行业不熟悉，对这个公司也不十分了解，的确需要从基层工作学起，才可能全面了解公司，熟悉业务，何况自己拿的还是部门经理的工资呢。

虽然实际情况与自己最初的预期有很大的差距，但是查理懂得这是老板对自己的一种考验。他坚持下来了，三个月以后他全面承担部门的职责，并且充分利用三个月最基层的工作经验，带领团队取得了良好的业绩。半年后，公司经理调走了，他得以提升。一年以后，公司总裁另有任命，他被提升为总裁。在谈起往事时，他颇有感慨地说："当时忍辱负重地工作，心中有很多怨言。但是我知道老板是在考验我忠诚度，于是坚持了下来，最终赢得了老板的信任。"

一切商业经营活动，老板承担的风险是最大的。企业破产了，老板可能要跳楼，员工则可以转换门庭。因此，许多老板常常反复折腾员工的忠诚度，为公司出现危机时做好充分准备。因为他相信忠诚是考验出来的，不是嘴上说的，你的老板不断折腾你，也许正是器重你的信号，他正在考验你的忠诚度，以便为其重用。这正如拿破仑所说，不想当元帅的士兵不是好士兵。他还说过，不忠诚于统帅的士兵就没有资格当士兵。

在现代社会中，并不缺乏有能力的人，而那些既有能力又忠诚的人才是每一个企业所看重的最理想的人才。忠诚的可贵就在于坚持住你坚持的东西。忠诚负责的员工是企业的核心竞争力。责任和忠诚，对于个人来讲任何时候都不能失落。

■忠诚是无价之宝

有人说，这个世界是个游戏的世界，你要加入某个游戏，你就必须遵守游戏规则。因为这个世界需要秩序来维护平衡。当然你也可以另类，不过，你是要付出代价的——被淘汰出局。因为你失去了参加游戏最起码的资格。

为此，我想起了一位成功学家说过的一句话："如果你是忠诚的，你就会成功。"忠诚是一种美德，一个对公司忠诚的人，实际上不是纯粹忠于一个企业，也是忠于自己和社会。

健全的品格使你不会为自己的声誉担忧。正如托马斯·杰斐逊所说：成功之人就是敢做敢当的人。如果你由衷相信自己的品格，确定自己是个诚实可信、和善、谨慎的人，内心就会产生出非凡的勇气。

忠诚是一种特质，能带来自我满足、自我尊重，是一天24小时都伴随我们的精神力量。人既可以充分控制和掌握无形的自我，引导我们获得荣誉、名声及财富，也可能将我们放逐到失败的悲惨境地。

忠诚和努力是融为一体的。忠诚是生命的润滑剂，忠诚的人没有苦恼，也不会因情绪的波动而困惑。他坚守着生命的航船，即使船就要沉没，也会像英雄一样，在歌声中随着桅杆顶上的旗帜一起沉没。

忠诚是人类最重要的美德之一。忠实于自己的公司，与同事们同舟共济、共赴艰难，将获得一种集体的力量，人生就会变得更加饱满，事业就会变得更有成就感，工作就会成为一种人生享受。相反，那些表里不一言而无信之人，整天陷入尔虞我诈的复杂人际关系中。在上下级之间、同事之间玩弄各种权术和阴谋，即使一时得以提升，取得一点成就，但终究不是一种理想的人生和令人愉悦的事业，最终受到损害的还是自己。

珍妮一入公司就被派驻国外，过了一年监禁般的生活。调回公司后，她充分运用在海外的经验一展才华，年纪轻轻就升到业务经理的职务。

但是就在她担任业务经理期间，市场行情大幅下滑，再加上其应变措施不力，造成了公司严重损失，公司追究责任，她被降为一般职员。一个对公司有重大贡献的人被降为普通职员，这使她备感屈辱。

好几次珍妮都想递出辞呈，但最后并没有这么做。她告诉自己，以前的光荣历史已成为过去，重要的是如何应对未来，她在内心不断地激励自己："绝不气馁、绝不罢休。"

从这句话中可以看出她急于想从逆境中突破出来，迈向未来的奋斗精神。一年之后，她被分配到另外一个部门，并经过自己的努力，又一次获得升职，最后成为这家公司的总裁。

当今社会，忠诚已经变得越来越稀缺了。许多公司花费大量资源，对员工进行培训。然而，当他们积累了一定的工作经验后，往往一走了之，有些甚至不辞而别。那些留在公司的员工则整天抱怨公司和老板无法提供良好的工作环境，将全部责任归咎于老板。而且我们发现，在管理机制良好的公司，跳槽现象也频繁发生，员工同样也不安分。因此，不得不使我们将视线转移到员工本身的心态上来。结果发现，大多数情况下，跳槽并非公司和老板的责任，更多在于员工对于自身目标以及现状缺乏正确的认识。他们过高估计了自身的实力，同时对那些向他们频频挥手的公司抱有过高的期望。

当这种风气蔓延到整个商业领域时，许多具有一定忠诚度的员工也受到传染而投身到跳槽大军中，使整个职业环境继续恶化。

李克是一家公司的业务部副经理，刚刚上任不久。他年轻能干，毕业短短两年就能够有这样的业绩也算是表现不俗了。然而半年之后，他却悄悄离开了公司，没有人知道他为什么离开。

李克在离开公司之后，找到了他原来关系不错的同事彼得。在酒吧里，李克喝得烂醉，他对彼得说："知道我为什么离开吗？我非常喜欢这份工作，但是我犯了一个错误，我为了获得一点儿小利，失去了作为公司职员最重要的东西。虽然总经理没有追究我的责任，也没有公开我的事情，算是对我的宽容，但我真的后悔，你千万别犯我这样的低级错误，不值得啊！"

彼得尽管听得不甚明白，但是他知道这一定和钱有关。后来，彼得知道了，李克在担任业务部副经理时，曾经收过一笔款子，业务部经理说可以不下账了："没事儿，大家都这么干，你还年轻，以后多学着点儿。"李克虽然觉得这么做不妥，但是他也没有拒绝，半推半就地拿了5000美金。当然，业务部经理拿到的更多。没多久，业务部经理就辞职了。后来，总经理发现了这件事，李克就不能在公司待下去了。

彼得看着李克落寞的神情，知道李克一定很后悔，但是有些东西失去了是很难弥补回来的。李克失去的是对公司的忠诚，他还能奢望公司再相信他吗？

失去忠诚的人往往被贴上“不忠诚”的标签，这其实是社会对他们不忠诚行为的一种谴责，他们因此付出的代价就是很难再找到好工作，因为，没有哪个老板愿意将一个没有忠诚品质的人引进企业。

任何一个公司的老板都希望他的员工是忠诚的，他们只会重用那些对企业忠诚的人，而会把那些对公司毫无责任心的人拒之门外，哪怕他们多么有才华。对于员工而言，你忠诚于你的企业，你所得到的不仅仅是企业对你更大的信任，你的所作所为还会让企业诱惑你的人感觉到你人格的力量。没有人敢用一个曾经背板自己企业的人，如果你为了一点点的个人利益而牺牲公司利益的话，那么你的世界上的任何角落都不受欢迎，因为你出卖的不仅是公司的利益，更是做人的尊严。哪怕是从你手里获益的人，也会心底对你产生鄙夷。背板忠诚的代价就是给自己的人格和尊严摸上污点，忠诚才是大智慧。不要觉得你的小聪明能够保佑你度过一辈子，不要让你一时的小聪明最终害了你。因为，一种职业的责任感和对事业的忠诚的养成，就会让你成为一个值得别人信赖的人，一个可以被委以重任的人。

缺乏忠诚度、频繁地跳槽，直接受到损害的是企业，但从更深层次看，对员工的伤害更深，无论是个人资源的积累，还是所养成的“这山望着那山高”的习惯，都使员工的价值有所降低。这些人对自己的内心需求没有认真反思，对自己奋斗的目标没有清晰的认识，自然无法选择自己的发展方向。

所以说，一个充满竞争力的集体，必定是一个有严格秩序的集体，因为只有这样，才能确保公司行动的一致性和协调性。对于任何一个团队都要有一个核心，这是确保一个团队具有战斗力的根本所在。拿破仑曾经说过：不想当将军的士兵不是好士兵。他还说过，不忠诚于统帅的士兵就没有资格当士兵。在公司里，领导就是员工的统帅。对于领导的忠诚，则是团队实现公司目标的关键因素。因为所有员工的忠诚会形成巨大的合力，就会战无不胜。

■忠诚需要接受考验

忠诚并不是任何一个企业强加给员工的，而是员工自始自终都必须具备的一种职业责任感。也就是说，从员工身上所体现出的忠诚，并不是对某个公司或者某个人的忠诚，而是一种职业的忠诚，是承担某一责任或者从事某一职业所表现出来的敬业精神。

在《把信送给加西亚》一书中作者阿尔伯特·哈伯德指出：如果你为一个人工作，那就以上帝的名义去为他工作。如果你为一个人工作，你就为他工作，不能对他三心二意，不能阳奉阴违。你不是全心全意，就是干脆不干。或者去做，或者不做，二者必居其一，要么全身退出，要么全心加入。你只能做出一种选择。

有些人认为，《把信送给加西亚》是站在老板的角度写的，没有考虑员工的利益。事实果真如此吗？我认为企业与员工是建立在合作的基础上的，只有大家能够共生，只有大家能够双赢，企业才能发展。否则，这个企业是没有生命力的，这个员工也是不会得到发展的。

在云南省的某边陲小镇的一个小村庄里，曾经发生过这样一件事。有一个铁匠A对另一个铁匠B说："如果你给我一把像你手中那样的铁锤，我就能够做出最好的铁器活。"铁匠A讲到这里，还戏剧性地笑了笑了说："你信不信，要不是我把锤子忘在了家里，我现在就做给你看。"

铁匠B听铁匠A说完之后，抬起头看了看他，然后说道："我真的把我手中的铁锤给你，你就能做得出来吗？即使出来之后，能卖个好价钱吗？"

"会的，"铁匠A说，"如果你不信，我现在就给你做，我做的可是会卖个好价钱的斧头。"

听铁匠A讲完之后，铁匠B就把自己手中的锤子递给了铁匠A，然后铁匠A就开始了工作，经过三四个小时的努力，斧头终于做完了，这可是一把上好的斧头，无论是重量，还是刀刃的锋利程度，都可以堪称一流的，而且斧头的孔比一般的斧头的还要深，斧柄可以深楔入孔里，这样在使用的时候，斧头就不会脱柄飞出去。铁匠B对这项改进赞不绝口，不住地向他的顾客炫耀他的新工具。第二天，就有很多人跑到铁匠铺里向铁匠A定制一柄一模一样的锤子。这些锤子定做好以后，又让他们的包工头看见了。于是，包工头也来给自己定了把斧头，而且要求比其他人的都好。"这我做不到。"铁匠A说，"每次我做什么都是尽可能把它做好，我不会在意主顾是谁。"

从铁匠A的行为可以看出，忠诚是一种情感和行为的付出。当你开始付出时，你将很快乐得到收获。毕竟对一个员工来讲，效忠公司乃是员工必须做的事，但并不意味着那就成为一名优秀的员工。所谓"在商言商"，公司不是慈善机构，老板也不是具有菩萨心肠的慈善家，他的最主要的目的是赢利，使生意越做越大，这是根本。老板雇佣你就是为了达到自己的这一目的，但要达到这一目的，除了忠诚以外，更大程度上还需要你做好业务，对公司的发展有价值。

五年前，小林和小伟毕业后一起到了一家计算机软件公司，负责某种办公软件的设计开发。

这个公司的规模不是很大，是国家允许注册该类公司中最小的，执照上写得清清楚楚：注册资金10万元。他们之所以愿意去，一是背井离乡急于安身，二是因为老板给股份的许诺。老板比他们大不了几岁，看上去完全一副书生模样，态度很诚恳。可是进去才知道，连这10万元可能都有水分，只从他们的办公条件就可以判断：一间废弃的地下室，阴暗、霉臭、潮湿，天一下雨，天花板上凝聚而成的水滴源源不断地往下流，电脑上都要罩着厚厚的报纸，连个厕所也没有，出门就是大排档，油烟灌进来，熏得人流眼泪。他们的产品市场前景看起来很好，但资金的瓶颈随时可能将美好的梦想扼杀于萌芽状态。最要命的是，产品没有品牌，只好赊销，还常常收不回货款，因为资金储备少，公司渐渐地连员工的工资都无法按时发放。

三个月后，小林动摇了，劝小伟也不要干了，有的是好公司，干嘛在一棵树上吊死？股份？老板连他自己都无法自保，哪里还有股份给你？小伟也有些动摇，但是一看到老板每天没日没夜地奔波和诚恳的眼神，又不忍开口了。而且，他过生日的时候，老板在自己的家里为他过，亲自下厨，说了很多抱歉的话，想起这些，他就不忍心走。他想，反正自己还年轻，就算帮帮老板。即使以后公司垮了，也算积累点人生经验吧。结果，小林走了，小伟居然决定留下来，从那以后小伟就成了老板的左膀右臂。不久，公司资金链条断裂，濒临绝境，留下的几个人也走了，只剩下小伟和老板两个人。

看着老板年轻而憔悴的眼神和孤独而坚定的背影，小伟反而坚定了自己的意志，他想他能够做的就是和老板风雨同舟。老板对他说："委屈你了，哥儿们。"他乐观地说："什么也不用说了，只要你一天把公司开下去，我就一天不离开这里。"老板红了眼圈，他们同吃同住，无话不谈，成了真正的患难之交。半年后，老板筹措到了新的资金，公司重新运转。由于产品质量好，买家愿意先付款了，公司的局面一下子打开了，他们终于掘到了自己的第一桶金。

接下来，公司开始招兵买马，发展壮大，仅短短的几年工夫，就成为行业内大名鼎鼎的软件公司，小伟也被提拔为公司的副总兼技术总监。

年终，老板和小伟一同躺在阳光明媚的海滩，老板禁不住热泪盈眶。他问小伟："老弟，你知道我为什么能支撑下来吗？"

小伟说："因为你是打不垮的，否则我也不会留下来。"

老板却说："不，其实当人们纷纷离我而去的时候，我就想关门了。我从不怀疑自己的能力，但我当时已经相信'谋事在人，成事在天'的说法了。可是你让我找回了信心，我想只要有一个人留下，就证明我还有希望，反正我已经一无所有了。感谢你！在我想躺下的时候，总有你这双手在拽着我走。我知道，当时如果你走了，我肯定崩溃了！"

为了感激小伟在最黑暗的日子里带给他的光明、希望和勇气，老板给了他40%的股份！

也许，在现实中的我们有时不得不将自己的现实利益放在最重要的位子。但我们毕竟也是有血有肉的人，我们也会在某一个时候遇到许多难处，我们也希望在那个时候有人能够雪中送炭，给我们带来温暖，而不是釜底抽薪。站在这个角度上去考虑，作为公司的员工，我们不应该在公司遇到困难，急需人手的时候选择离开，这就是一种忠诚。这种忠诚也许不会立即给我们什么现实利益，但我们的人格昭示了我们的魅力，这必将为我们赢得多数人的赞誉，并获得更大的财富。

■忠诚是一种职业责任感

忠诚是一种责任，忠诚是一种义务，忠诚是一种操守，忠诚还是一种品格。这正如一位朋友所说："忠诚并不是从一而忠，而是一种职业的责任感。不是对某个公司或者某个人的忠诚，而是一种职业的忠诚，是承担某一责任或者从事某一职业所表现出来的敬业精神。"

一个人可能会频繁跳槽，但身在其位一定谋其事，表达出对所从事的职业高度的责任感。也许正是这种态度，使他们常常保持相对的稳定性。

对于企业来说，忠诚能带来效益，增强凝聚力，提升竞争力，降低管理成本；对于员工来说，忠诚能带来安全感。因为忠诚，我们不必时刻绷紧神经；因为忠诚，我们对未来会更有信心。

在工作中如果你把忠诚单纯理解为从一而终，那么你错了。忠诚是一种职业的责任感，是一种职业的忠诚，是你承担某一击伤或者从事某一职业的所表现的敬业精神。然而，不可回避的是，现在绝大多数的人，尤其是职场新人，他们做工作的时候，想到的只是如何能够帮自己获得最大的收获、最高的成长。他们把敬业当成老板监督员工的手段，把忠诚看做是管理者愚弄下属的工具，认为员工灌输忠诚和敬业思想的受益者是公司和老板。其实不然，忠诚并不仅仅有种于公司，其最终和最大受益者是你自己的。忠诚铸就信赖，而信赖造就成功。一旦养成对事业高度的责任感和忠诚，你就能在逆境中勇气倍增，而对引诱不为所动，就能让有限资源发挥出无限价值的能力，争取成功的法码。

因此，忠诚于公司，忠诚于老板，实际上就是忠诚于自己的。但是，真正的忠诚不是一味阿谀奉承，也不是用嘴巴说出来，它需要经受考验。

张平在一家大公司供职，能说会道，才华横溢，所以他很快被提拔不技校部经理，他认为，更好的前途正在等着他。

有一天，一位港商请张平喝酒。席间，港商说："最近我的公司和你们的公司在谈一个合作项目，如果你能把手头的技术资料提供给我一份，这将使我们公司在谈判中占据主动。"

"什么，你是说，让我做泄露机密的事？"张平皱着眉道。

港商小声说："这事儿只有你知我知，不会影响你。"说着，将15万元的支票递到张平面前。张平心动了。

在谈判中，张平的公司损失很大。事后，公司查明真相，辞退了张平。真赔了夫人又折兵。本可大展鸿图的张平因此不但失去了工作，就连那15万元也被公司追回以赔偿损失。张平懊悔不已，但为时已晚。

在所有老板的以目中，"谁是忠诚的，谁都有责任感，谁才是最可靠的。"本着这种认识，老板一旦发现你露出不忠诚的端倪，那么任凭你有惊世之才，他也不会信任你，更不会给你发展的空间。

责任感源于忠诚。没有忠诚，责任感就无从说起，没有责任感，你就会在引诱面前把握不住自己。这样，你的事业结构就会土崩瓦解，最终只能在一片废墟中独自哀叹，所以说，背叛“忠诚”的最大受害者将是背叛者自己。作为一名员工，一定要忠实于公司的利益，记住，你的角色是为公司争取利益而不是为你自己争取利益。只有公司“发达”了，你才会水涨船高，跟着“发达”。万万不可越位，更不可在上下级之间，同事之间玩弄各种权术和阴谋，中饱私囊。有时，公司与你个人在利益上也会发生冲突，这时你千万不要一时糊涂，为保全个人利益而把公司利益置之度外。

胡杨因才华出众，则上班不到三个月，就被上司委以重任，派到上海做一个大项目。

胡杨到上海后，不巧那几天上海连降大雨，到处都是积水。从办事处出来，胡杨卷高裤腿，一手拿鞋，一手拿着笔记本电脑，走钢丝一样小心翼翼地走在浑水里。突然间，他脚底被什么一绊，整个人顿失平衡，迅速向前倾去——就在这0.01秒钟内，胡杨面临着一个选择：用哪只手去撑起支持重量，鞋还是电脑？

仅仅一闪念间，胡杨毫不犹豫地将自己78元的皮鞋高高举过头顶，另一只手将价值13000元的手提电脑撑了下去，撑入没过脚踝、没及膝处、浑浊的污水里……一个月后公司改组，前途无量的胡杨第一个被辞退。

真是“人不为已，天诛地灭”。当13000元的手提电脑轻于78元的皮鞋，胡杨的利益衡量标准是：电脑不是我，鞋是我的。

这种隐性的不忠诚，可以说是企业的定时炸弹。一个有职业道德、有责任心的人，心里要有一条准则：可为可不为！需要坚守的信条是：绝不选择良心的堕落。

一位哲人说：“当你周围的人们通过这种种欺诈手段和不忠行为而暴富起来的时候，当其他的人摇尾乞怜，一心向上爬的时候，你要保持自己的尊严和清白，不要同流合污。当有的人靠阿谀奉承换来一个又一个‘成就’的时候，你要善于保持内心的宁静，不要因他人的这些成就而痛苦。当你见到有些人为了名利像狗一样爬行的时候，你要能顶住世俗的压力，敢于特立独行，出污泥而不染，要修炼成品德高尚的人。那些品德高尚的人会凭借自己的忠诚的责任心去制胜，具有忠诚原则的人为了不失职，即使牺牲自身的利益也在所不惜。”

■忠诚就是竞争力

对公司来讲，忠诚将大幅提高公司效益，增强凝聚力，提升竞争力，使公司在风云变幻的市场中立稳脚根。我们不妨去研究那些成功的、被人信赖和敬仰的人，我们往往可以发现他们都具有忠诚的美德。他们的这种修养使你可以在不同的环境中，感染周围的人，他们在任何地方都是重量级的人物。对员工来讲，忠诚可以有效地与公司相融合，使自己真正成为公司的一分子。因为，忠诚会给人以可靠的感觉，容易让人信任。一个人不忠诚，你就会觉得他不可靠，许多事就不会放心地交给他做。而对于他来说，这在无形之中就是一种人格的否定。中国有一句俗话说“一次不忠，百次不用”，说的正是这个道理。

一个优秀的员工必须具备忠诚的美德。从某种意义上讲，忠诚于公司，就是主动以不同的方式为公司做出贡献。因此，不背叛公司，不做有损公司利益的事只是忠诚的一个方面。积极改进，主动为公司寻找开源节流的渠道，也是忠诚的一种体现，是每个员工义不容辞和责任。

两个高中毕业生小张和小林，来到深圳后，一直没有找到工作。当口袋里的钱所剩无几时，他们只好来到一个建筑工地上找到包工头推销自己。

老板说："我这里目前没有适合你们的工作，如果愿意的话，倒可以在我的工地上干一段小工，每天给你们30元钱。"无奈之下，两人同意了。

第二天，老板给他们分配了任务——把木工钉模时落在地上的钉子捡起来。每天小张和小林除了吃饭的半个小时外，一刻也不歇，每个人捡了足足八九斤钉子。几天后小张暗暗算了一笔账，发现老板这样做十分不合算，根本达不到节流的目的。小张决定和老板谈一谈这个问题，但小林却极力阻止他："还是别找老板的好，否则我们俩又得失业。"小张没同意，他直接找到老板。

"老板，恕我直言，企业需要效益，表现看来，拾回落下的钉子是一件合情合理的事，但实质上它给您带来的只是负值。我老老实实捡了几天钉子，每天最多不超过十斤。这种钉子的市场是每斤2·5元，这样算下来，我一天能制造20元的价值，而您却给我30元的工资。这不公对您是损失，对我们也不公平。如果现在你算透了这笔帐打算辞退我，请您直说。"

没想到，老板竟哈哈大笑起来，说："好小伙子，你过关了！我手头上正缺一名施工员，拾钉子这笔帐其实我也会算，我知道你们俩也都算出来了。我一直就等着你们过来告诉我。如果一个月后你仍然不来找我，你们都将会被辞退。企业需要效益，更需要像你这样忠心耿耿、责任心强、一心为公司谋利益的人才，我希望你留下。小林嘛，我只能说抱歉。"

住一位成功者说过的话吧："自身价值的创造和实现依赖于忠诚。"当你因为忠诚，主动对老板负责，加倍付出，老板就因此而对你承担一份义务，忠诚地对待你，这会让你永远无需为失业而担忧。

在现实社会中，有很多员工对于"忠诚"二字似乎很无所谓的样子，有些人往往为虚荣所迷惑，以为自己是因为美德而饱受苦难。事实上，当一个人真正心静如水，抛弃各种杂念后，他就能意识到，苦难乃是上苍对自己美德的考验，是对自己最好的锻炼。多做些有益的事吧，你对他人的付出必将使他人对你多承担相应的义务。你如果忠于你的老板，那么，老板必会器重你。在有些企业里，有人对那些忠诚的员工嗤之以鼻，认为对公司的忠诚简直就是极其愚蠢的行为。这种心态更加助长了不忠诚的行为。其实，作为职业人，应该培养自己的忠诚。因为，忠诚才有凝聚力，如果所有的人都不忠诚，那么整个团队也就失去了战斗力，一旦市场的激烈竞争开始后，整个团队的员工都只能成为落后的挨打者。

在一个组织中，忠诚是竞争力，忠诚的员工在自己的工作岗位上踏踏实实地做自己该做的事，而不会这山望着那山高。因为他们知道，只有自己安心工作，人才会有创造力，才会为公司创造出更大的价值。他们同时还知道，不能把忠诚误认为是对某个人的忠心，它在本质是一种负责的职业精神，它实际上是一种敬业精神，而不仅仅是对某个公司或老板的忠诚。

人的一生换几次工作很正常，但做就要做好，这是一个人应的对待职业的高度责任感。付出多少，就得到多少，这是一个基本的社会规则。没有这种负责的精神，不可能把工作做好。当你无法投入忠诚时，你自然不会有很好的回报。其实公司给员工的回报，并不单单表现在工资等物质利益上，如果狭隘地看待自己的工作回报就会让人的心胸变得狭窄，而不会一如既往地付出，也就会失去更多。

有人说忠诚是血液里流出来的秉性，品德不忠诚的人必定不是一个完全意义上的人。对有些人来说，它是不变的信条，是一种职业良心，或是处世为人的原则，但对有些人来说，则是浅薄的游戏，是在脚底下任意蹂躏的人性之花。一个有职业道德的人，心里要有一条准则：可为与不可为。面对利益的诱惑，脆弱的人性就会断裂、扭曲。忠诚是无声的诺言，它价值千金，无物可抵，它有时表现得极为隐性，但却有着不可估量的价值。

忠诚是公司发展的基石，公司要发展，首先应该自身安定，而公司安定与否，人心是第一位的。员工之间的互信合作只有达到高度的默契，让公司形成一个同心向上的整体，这个公司才有可能向外扩展，逐渐占领市场的每一个角落。因此，忠诚最直接地影响了一个公司的凝聚力。但现在很多人对忠诚有一种误解，认为因为自己忠诚于公司，公司就应该给予更多的机会，这显然不能称为正确的思维模式。如果在职场中，想赢取上司的钟爱、信任与重用，视自己为心腹或得力助手，同时也可分享上司的成功果实，那就需要你不存私心的忠诚，而不是斤斤计较于回报的“忠诚”。

一个员工最大的价值在于忠诚，忠诚的员工才会有责任感，才会踏踏实实地工作，才会有竞争力、创造力，组织才会有凝聚力。忠诚不在于空喊口号，而在于真实的行动。所以，不要妄想你可以得到多少回报，你的一举一动都会被看在眼里，如果你确实忠实于自己的公司，你必将被委以重任。如果你没有以忠实为代价，那你必然会被淘汰。因为任何人都不是傻子，你的老板就更不是。

第五章 积极主动地工作

想要在生命中找出平衡，进而追求更为圆满的人生，主动精神实在是不可缺少的一项。积极的习惯是以积极主动的精神为后盾，每个习惯都仰赖你积极主动，如果你消极等待，那么你就会受制于人，一旦受制于人，发展的机会便不会降临。

■什么是积极主动

积极主动这一词最早是由著名心理学家维克托·弗里兰克推介给大众的。弗兰克这个人就是一个积极主动、永不向困难低头的典型。

弗兰克最初是一位受弗洛伊德心理学派影响极深的决定论心理学家，然而，他在纳粹集中营里经历了一段艰难的岁月之后，在后来就开创出了独具一格的心理学流派。

弗兰克的父母、妻子、兄弟全都死在了纳粹魔掌之下，而他本人则在纳粹集中营里受到了严刑拷打。有一天，他赤身独处于囚室之中，在突然间意识到了一种全新的感受——也许，正是集中营里的恶劣环境让他猛然警醒："在任何极端的环境里，人们总会拥有一种最后的自由，那就是选择自己的态度的自由。"

弗兰克的意思是说，在当一个人极端痛苦而得不到别人的帮助的时候，他依然可以自行决定他的人生态度。在最为艰苦的岁月里，弗兰克选择了积极向上的人生态度。他并没有悲观绝望，反而在脑海中设想，自己在获释之后应该怎样站在讲台上，把这一段痛苦的经历介绍给自己的学生。正是凭着这样一种积极而乐观的思维方式，他在狱中不断磨练自己的意志，一直到自己的心灵超越了牢笼的禁锢，在自由的天地里任意驰骋。

弗兰克在狱中发现的这个思维准则，正是我们每一个追求成功的人所必须具有的人生态度——积极主动。如果你具备了这种主动精神，就会使你无论在哪一个领域，你都能够脱颖而出。

有人讲述自己的经历：

“50年前，我开始踏入社会谋生，在一家五金店找到了一份工作，每年才挣75美元。有一天，一位顾客买了一大批货物，有铲子、钳予、马鞍、盘子、水桶、箩筐等等。这位顾容过几天就要结婚了，提前购买一些生活和劳动用具是当地的一种习俗。货物堆放在独轮车上，装了满满一车，骡子拉起来也有些吃力。送货并非我的职责，而完全是出于自愿——我为自己能帮忙运送如此沉重的货物而感到自豪。

“一开始一切都很顺利，但是，车轮一不小心陷进了一个不深不浅的泥潭里，使尽吃奶的劲都推不动。一位心地善良的商人驾着马车路过，用他的马拖起我的独轮车和货物，并且帮我将货物送到顾客家里。当向顾客交付货物时，我仔细清点货物的数目，一直到很晚才推着空车艰难地返回商店。我为自己的所作所为感到高兴，但是，老板却并没有因我的额外工作而称赞我。

“第二天，那位商人将我叫去，告诉我说，他发现我工作十分努力，热情很高，尤其注意到我卸货时清点物品数目的细心和专注，因此，他愿意为我提供一个年薪500美元的职位。我接受了这份工作，并且从此走上了致富之路。”

积极主动，从字面上看起来容易理解，但是有多少人会做到积极主动呢?

积极主动，就是让我们热情洋溢地去找事情来做，而不是痴痴呆呆地等待事情。有一位名人曾经说过：“机会不是等来的，而是积极主动地去争取。”对呀，如果你不积极主动，那么你这一辈子必将一事无成。

而那些名人，往往都是揣着一颗积极主动的心去做好每一件事，积极主动地去寻找机会，因此，这就是他们名扬四海的原因之一。因此，他们每做的一件事都是高效率的。

积极主动，只靠口说不去做是不行的。然而，我们每一个人也一定都要记住，积极主动的好处比没有好处的消极等待要好上千万倍。

■主动使你突出

在我们的人生历程中，我们不能凭一种懒汉的行为去对待自己，我们应该用一种积极主动的态度去对待。有些人在工作中，总是用一种平庸的心态去对待工作，他们通常认为自己付出了多少，只要对得起从公司拿到的薪水就行了，他们不会主动加班，也不会积极主动地去完成工作，他们稍遇挫折就心灰意冷，总觉得这个社会欠了他太多。他们总是抱着平庸的态度去做事，结果也就用平庸收场。

一个人的工作有没有主动性、有没有追求完美的精神，对工作是具有本质的影响的。

例如，在北京有一家做图书代理的公司，业务主管让三位员工去做同一件事：去北京的各大书店了解一下最近的图书市场情况如何。

第一位员工20分钟就回到了公司，他对业务主管说，他去了最近的一家图书书店，他已经向该书店的员工询问了情况，接着就向业务主管汇报了他了解到的情况。

第二位员工45分钟后回到了公司，他亲自到某某书店了解了情况，然后自己还在该书店把各种书翻看了一遍。

第三位员工却在5个小时之后才回到公司，原来他不但去了前两位员工去的图书店，他还去了十多家书店，并把每家书店的情况都一一作了记录。在回来的路上，他还去了一些出版社，把最近的图书市场和出版情况也作了解，然后他还找到一个麦当劳，害怕把了解到的情况遗忘，作了记录，然后，才回到公司。

这三位员工的态度，正好向我们表现了他们的一种积极主动的工作态度，而这种态度，也正是每一个追求成功的人应具有的人生态度。对于那些讲究主动，善于最大限度地挖掘自身潜力的员工来讲，注重自己为公司贡献乃是他们的必然选择。他们不会仅仅看到自己的工作，而且有着一种超越的胸怀，把目光盯向目标。他们非常看重自己应该承担的责任，常常会反省自问："我是否对我的人生有着更好的向往，我是否对我所在的公司作出贡献，这种贡献是否对企业的业绩和成果产生了深远的影响？"

所以说，要想达到事业的顶峰，你就要具备积极主动、永争第一的品质，不管你做的是多么令人扫兴的工作。成大事者与庸人之间有个最大的区别，那就是，前者善于自我激励，有种自我推动的力量促使他去工作，并且敢于自我担当一切责任。成功的要诀就在于要对自己的行为作出切实的担当，没有人能够阻碍你的成功，但也没有人可以真正赋予你成功的源动力。

因此，我们不应该抱有"我必须为老板做什么？"的想法，而应该多想想"我能为老板做些什么？"一般人认为，忠实可靠、尽职尽责完成分配的任务就可以了，但这还远远不够，尤其是对于那些刚刚踏入社会的年轻人来说更是如此。要想取得成功，必须做得更多更好。

如果你是一名货运管理员，也许可以在发货清单上发现一个与自己的职责无关的未被发现的错误;如果你是一个过磅员，也许可以质疑并纠正磅秤的刻度错误，以免公司遭受损失;如果你是一名邮差，除了保证信件能及时准确到达，也许可以做一些超出职责范围的事情……这些工作也许不是你的职责，但是如果你做了，就等于播下了成功的种子。

付出多少，得到多少，这是一个众所周知的因果法则。也许你的投入无法立刻得到相应的回报，也不要气馁，应该一如既往地多付出一点。回报可能会在不经意间，以出人意料的方式出现。最常见的回报是晋升和加薪。除了老板以外，回报也可能来自他人，以一种间接的方式来实现。

对百万富翁成功经验的研究也反复证明额外投入的回报原则，尤其是在这些人早期创业时，这条原则尤显重要。当他们的努力和个人价值没有得到老板的承认时，他们往往会选择独立创业，在这个过程中，早期的努力使其大受裨益。你付出的努力如同存在银行里的钱，当你需要的时候，它随时都会为你服务。所谓的主动，指的就是随时准备把握机会，展现超乎他人要求的工作表现，以及拥有“为了完成任务，必要时不惜打破成规”的智慧和判断力。一个优秀的管理者应该努力培养员工的主动性，培养员工的自尊心。自尊心的高低往往影响工作时的表现。那些工作时自尊心低的员工，墨守陈规、避免犯错，凡事只求忠于公司规则，老板没让做的事，决不会插手;而工作自尊心高的员工，则勇于负责，有独立思考能力，必要时会发挥创意，以完成任务。

■成功的人做事都积极主动

我们经常会见到一种这样的说法：成功的人与不成功的人最大区别就是成功的人做事都积极主动，而那些不成功的人做事则大多都是消极被动。

主动是一种积极的人生态度，代表着自身的一种创造力，主动地思考、积极地行动，都会让人们在接触事物的过程当中扩大自己主观的认知视野，所谓举一反三、触类旁通、顺藤摸瓜其实际上都是主动思维的另类诠释与最好的证明。主动的人能接触到更多的信息与资源，这对处事的灵活性、多样性、成功性都大有帮助；同时主动的思维会带来积极的行动，行为上的主动会引起良好的外界反馈，这样才能够进一步刺激到自己的大脑神经细胞，从而产生出一种更积极的思维，对于这样一种良性循环，能够让人们在处理好事情的同时，最大限度地发挥自身的能动性，以便创造出更大的价值，由此体会到一种完全感、价值感、幸福感。

主动是种精神，反映在人的思维、行动以及整体的气质面貌上，它可以拓展人的思维，更大限度地促进人的潜能开发。不像消极的人，什么都是被动接受进行的，那种被外物牵着鼻子走的生活方式会消灭人的意志，抑制人的能力的发挥，生活也会变得越来越糟。

我们来看一个例子吧！在《把信送给加细亚》一书的主人公罗

文就是一个积极主动的人，他在接到麦金莱总统要他给加西亚将军送去那封决定战争命运的信时，没有任何推诿，而是以其绝对的忠诚、责任感和创造奇迹的主动性完成了这件“不可能的任务”。一百多年来，他的动人事迹全世界广为流传，激励教育了地球上千千万万的人以主动性完成职责。无数的公司、企业、机会、系统、组织都曾经人手一册，以其塑造自己团队的灵魂。如今，“送信”早已成为一种象征，成为人们忠于职守、履行承诺、敬业、忠诚、主动和荣誉的象征。恰恰是这个并不复杂的故事传达的理念，却足以超越那些连篇累牍的理论说教，他的影响力之大是不可想象的，它不局限于个人、企业、机关和一个国家，甚至贯穿了人类文明。正如阿尔伯特所说：“文明，就是充满渴望地寻找这种人才的一个漫长的过程。”

我相信，所有团队、组织领导者、管理者、老板，看到这部分内容都会深有体会地发出这样的感慨——到哪里能找到把信送给加西亚的人？因为，任何一个组织要想获得真正的成功，其员工的忠诚、责任和主动性都是至关重要的，那“送信的人”是他们梦寐以求的公司栋梁之才。

有的人天性就十分地积极主动，这可以称得上是一种生命的幸运，这种人就更应该珍惜这种天厚，更大限度地去努力发挥出蕴藏于自己内心的潜能，争取更大的成功和价值实现。

有的人则因为性格或习惯使然或经历过挫折而消极被动，他们爱抱怨客观环境或者抱怨自己。那些爱抱怨客观环境的人永远也得不到成功与安宁，无论他们走到哪里他们都爱抱怨，即使有一天到了他们所希望的最好的那种环境条件下，他们仍然会抱怨，因为抱怨已成为他们的一种习惯，它来自于被动消极受牵制后产生的怨气。

有的人对于做到主动很困惑，在主动与人交往的过程中，他知道人们常说的要别人如何对自己，自己就要首先如何对别人，可他会说我对别人那么好，可别人不对我好，要说那是因为你做得不够好，对于在社会中生活的人来讲是个群居动物，需要感情方面的交流，人们自然就会对友善融洽的交流有积极的反馈。对人对事都一样，要想得到好的回报，首先要完善自己，要知道只有你是正确的，你其实就怎么样对自己。即使你不这样认为或没有发觉这个道理，但其实烦恼就由此而生。不要抱怨，主动工作，主动爱别人，也爱自己。

上天对于生活中的每个人都是十分公平的，你缺少什么，生活就给你考验与机会，让你补什么，只要你积极主动地思考或行动，你就会在磕磕碰碰当中找到一条真正的完善自我、通向成功的道路。

著名钢铁大王卡耐基曾经说过，有两种人决不会成大器，一种是除非别人要他做，否则他是绝不主动做事的人；另一种人是即使别人要他做，也做不好事情的人。

静下心来深入地分析一下这个世界上成功人士的经验与失败人士的教训，卡耐基之言真可谓是至理名言。大多数成功人士做任何事情总是“主动”的，否则的话，做什么事情都是被动的人，一生是非常难有一番成就的。

为什么这样说呢？这是因为做事积极主动的人就意味着他自身做事情十分有责任心，因为只有有了责任心才能把事情做好。

对艾伦一生影响深远的一次职务提升是由一件小事情引起的。一个星期六的下午，一位律师(其办公室与艾伦的同在一层楼)走进来问他，哪儿能找到一位速记员来帮忙——手头有些工作必须当天完成。

艾伦告诉他，公司所有速记员都去观看球赛了，如果晚来五分钟，自己也会走。但艾伦同时表示自己愿意留下来帮助他，因为“球赛随时都可以看，但是工作必须在当天完成。”

做完工作后，律师问艾伦应该付他多少钱。艾伦开玩笑地回答：“哦，既然是你的工作，大约1000美元吧。如果是别人的工作，我是不会收取任何费用的。”律师笑了笑，向艾伦表示谢意。

艾伦的回答不过是一个玩笑，并没有真正想得到1000美元。但出乎艾伦意料，那位律师竟然真的这样做了。六个月之后，在艾伦已将此事忘到了九霄云外时，律师却找到了艾伦，交给他1000美元，并且邀请艾伦到自己公司工作，薪水比现在高出1000多美元。

从上述事例我们可以看出，对于我们任何一个人来讲，在平时的生活和工作之中都会遇到困难，主动做事的人，无论大事小事，他们都会想尽一切办法去完成，包括改变自己。被动做事的人，他们首先选择的是放弃，就算是不放弃，他们也会去逃避困难、问题，不会主动去解决。每个组织都需要那些敢于面对困难、主动迎难而上的人。纵然有高素质的人才，而不敢于克服困难、主动解决问题，这类人是无论如何也不会被组织重用的！有些人虽然没有高深的学历、丰富的经验，但有一颗主动积极的心、一颗赤诚的上进心，那么，只要有了这个心态，在事业上就一定会获得更大的进步与发展。

■做一个积极主动的人

比尔·盖茨说："一个好员工，应该是一个积极主动去做事，积极主动去提高自身技能的人。这样的员工，不必依靠管理手段去触发他的主观能动性。"

我有一个朋友，他就是一个非常积极主动的人，他曾经被一位成功学家聘用为一名助手，他每天的工作主要就是替这位成功学家拆阅、分类信件，薪水与相关工作的人相同。有一天，这位成功学家口述了一句格言，要求她用打字机记录下来："请记住，你唯一的限制就是你自己脑海中所设立的那个限制。"

她将打好的文件交给老板，并且有所感悟地说："你的格言令我深受启发，对我的人生大有价值。"

对于这件事并没有引起成功学家的注意，然而，却在女孩心中永远地打上了深深的烙印。从那天起，她开始在晚饭后回到办公室继续工作，不计报酬地干一些并非自己分内的工作——譬如替老板给读者回信。

她认真研究成功学家的语言风格，以致于这些回信和自己老板写的一样好，有时甚至更好。她一直坚持这样做，并不在意老板是否注意到了自己的努力。终于有一天，成功学家的秘书因故辞职，在挑选合适人选时，老板自然而然地提升了这个女孩。

在没有得到这个职位之前已经身在其位了，这正是女孩获得提升最重要的原因。当下班的铃声响起之后，她依然坚守在自己的岗位上，在不计任何报酬的情况下，依然刻苦训练，最终使得自身有资格接受更高一级的职位。

故事并没有结束，这位年轻女孩能力如此优秀，引起了更多人的关注，其他公司纷纷提供更好的职位邀请她加盟。为了挽留她，成功学家一次又一次地给她加薪水，与最初当一名普通速记员相比已经高出了四倍。

所以说，主动去做老板没有交待的事情，而且还能够把这些事做得很好，你就当然能提升自己在老板心目中的位置，就会被调升到更高的职位，获得更大的成功。

积极主动是最能够体现优秀员工还是普通员工差异的地方，一个积极主动的员工，才是一个能把任何事都做得圆圆满满的员工，才是老板所值得倚重的员工。

在意大利精美的艺术作品当中，最令人难以忘怀的是米开朗基罗的大卫雕像，因为看到它人们才会明白什么叫经典之作。

一生充满了传奇色彩的米开朗基罗，被举为西方文明最伟大的艺术家和最具影响力的风格开创者。他的艺术细胞是天赋的，尤其在雕塑上。21岁时，他完成了第一件成熟作品，不到30岁，举世闻名的大卫像从他手中挺生了。

当米开朗基罗刚30岁出头时，时任教皇米利安二世召他前往罗马，先是让他在一座壮丽的灵寝里雕刻教皇，后又改为作一幅绘画。对于热忱于雕塑的他，绘画是他不太愿意做的，何况是要在梵蒂冈一座小堂的天花板上画很多人像。不过，教皇的再三敦促让他勉强接下了任务。

许多学者认为，那件苦差事是米开朗基罗的一些艺术界劲敌故意让教皇交付的，如果他推卸，教皇以后就可能不用他了；如果接受了，又可能交不出像样的作品。但那些人想错了，米开朗基罗是一个不做则已，要做就做到最好的人。他把单纯绘画耶稣十二门徒的画扩增为取材于其《创世纪》的经典壁画，画中栩栩如生地描绘了包括诸多人物的“上帝创造世界”的九幅场景。

年轻的米开朗基罗躺在高架平台上作画，度过了整整4年时光，他也为彻底完成该项工作付出了视力及健康经受永久性伤害的巨大代价。4年的昼夜辛劳，使得只有37岁的他，憔悴得连朋友都认不出他来了。

全力以赴工作的米开朗基罗，让教皇深受感动，成为了梵蒂内重用的御用巨匠。更重要的是，他给当时的艺术界带来了极大震撼。西斯汀小教堂的壁绘，由于画风大胆创新、笔法细腻，而为当时许多艺术界同行竟相模仿，成为一时风尚。艺术史学家们更是认为米开朗基罗的经典画作主导了欧洲绘画发展的走向。那次的努力和突破，也为他日后在雕塑及建筑设计方面的非凡贡献奠定了基础。

米开朗基罗虽然很有天分，但他在工作时若不全力以赴，其影响力是绝不会达到今天的地步，这从他绘画中细节的精确和整个拱形画面的布局可以看得出来。

当有人问米开朗基罗，在可能没有人欣赏的情况下，为什么仍然愿意在阴暗的角落里蜷曲着身体辛勤又认真地绘画时，他毫不犹豫地说：“上帝看到了就足矣。”

追求完美的员工必定会在任何情况下都把事情做得完美，即使这样做“只有上帝才知道。”而这正是那些卓有成效者的奥秘所在。他们都像米开朗基罗那样，对自己的作品采取这样的态度：上帝必定会看见。工作的时候他们极为敬业，而不是一般性地应付工作。其实，敬业也就是尊重自己。从这个故事可以看出，在现代职场当中，有两种人永远也无法取得成功，一种人是只做老板交待的事情，另一种人是做不好老板交待的事情。这两种人都是老板首先要炒“鱿鱼”的人，或者是在卑微的工作岗位上耗尽终生的精力、而无所成就的人。

微软副总裁李开复说：“不要再只是被动地等待别人告诉你应该做什么，而是应该主动地去了解自己要做什么，并且规划它们，其后全身心的努力地去完成它。想一想在如今世界上最成功的那些人，有几个是唯唯诺诺、等人吩咐的人？对待工作，你需要以一个母亲对孩子般的责任心和爱心全力投入，一步步地努力。如能做到这样，便没有什么目标是不能达到的。”

第六章　专注地工作

一个人在进行工作时，应该专注于当前正在处理的事情。如果注意力分散，头脑不是在考虑当前的事情，而是想着其他事情的话，工作效率就会大打折扣。一次做好一件事，是一个优秀员工获得成功不可或缺的一项习惯。只有当你一心一意去做每一件事情时，你才能把它做好。所以，专注能够使你走向卓越。

■ 专注地做好每一件事

西点相信，有些时候管理者有责任明确地告诉部属该做些什么，而部属也有责任确确实实地完成自己的任务。西点的指挥官，要求新学员专注于所听到的指示和命令，专注于眼前的工作，而不是一边做着白日梦，想着晚餐吃什么、几时要练球、有什么电影上演了。新学员必须专注于所接获的命令，同时迅速、确实、果断地行动。他们还必须学会怎么去听，如何听得仔细、听得专心、听清楚每一个命令的字句，把每一个命令都当作性命攸关的大事。

其实，即使在极其平凡的职业中、极其低微的位置上，也往往藏着极大的机会。只要把自己的工作，做得比别人更专注、更迅速、更正确、更完美。只要调动自己全部的智力，从旧事中找出新方法来，便能引起别人的注意，从而使自己有发挥本领的机会。无论做什么工作，只要沉下心来，脚踏实地地去做，都能得到收获。一个人把时间花在什么地方，就会在那里看到成绩，只要你的努力是持之以恒的。

看看自己脚下的土地吧！其实，每一份工作都是一座丰富的钻石矿。年轻人在展望未来的时候，不要浮躁，务必要认识到自己正在拥有的一切。至少在任何工作转换之前，都要努力使自己专注于手中的具体工作，哪怕是看似平凡的琐碎工作。

你是不是也经常希望别人的草地就是自己的，却很少去整治自家的草地？你仔细看过自己脚下的土地了吗？你注意自己手头的工作了吗？认真分析过手头工作可能给自己带来的巨大财富和机遇了吗？还是每天都在羡慕朋友的工作，或是感叹成功者的机遇可遇不可求？

“如果一个年轻人在他的工作和生活中不能发现任何机会，而他认为自己可以在其他地方做得更好，那么他会感到非常的灰心失望。”这是著名成功学家奥格森·马登给年轻人的忠告。

年轻人常常有几分傲气，如果再有较好的学历，比人高一等的本领，傲气当然就更盛了。他们对工作的理想太高，往往高不成低不就。基于这种心理，这些表面上看起来优秀的青年人，往往会对已有的工作感到不满，稍遇挫折或被老板或主管说了几句，就兴起“拂袖而去”的念头。

大部分年轻人不能清晰地意识到，自己手头的平凡工作就是一座丰富的钻石矿，只要好好挖掘——全力以赴、尽职尽责地做好目前所做的工作，就能找到属于自己的“钻石”——包括职位的上升和财富的增加。相反，许多人心态浮躁，他们总想：“做这份工作，有什么希望可言？”，“混呗，干这差使能有什么出头之日？”对工作心灰意冷的人，不可能踏踏实实地做好本职工作。他们坚信世界上有很多挣钱或者成功的机会，于是他们焦急地等待，等待另外的时间，另外的地点，另外的行业，另外的工作职位，但决不是现在，决不是手头上这个日久生厌的工作。他们知道如何在将来提高自己，但却不珍惜眼前的机会。他们像故事中的阿里·哈法德一样，在漠视自己的工作中抛弃了本应属于自己的宝藏。

还有一些人，他们有一定的才华，但并没有把才华用在手头的工作中，而是将宝贵的青春时间用在评论已经挖到“钻石”的人上。看到别人事业有成，挖到了“钻石”，他们瘪瘪嘴，一副不屑一顾的样子：“那算什么，有他那机会，很难说我不会比他更成功。”这些人的可悲之处在于，他们在设想“如果……”的过程中，浪费了青春，磨灭了激情，耗尽了才华。等他们想起要收拾自己荒芜的庭院时，草深已不可除，要想从头再来，也许要付出比别人多几十倍的努力。只是，条件容许他们从头再来吗？而且，他们很有可能因为玩忽职守早就被老板解聘，再也没有机会找到本应属于自己的“钻石”。

从前有位名叫阿里·哈法德的波斯人，住在距离印度河不远的地方，他家拥有大片的兰花花园、稻谷良田和繁盛的园林。他是一位知足而十分富有的人。有一天，一位年老的佛教僧侣前来拜访这位老农夫，他坐在阿里·哈法德的火炉边，向这位老农夫讲述钻石是如何形成的。最后，这位僧侣说：“如果一个人拥有满满一手的钻石，他就可以买下整个国家的土地。要是他拥有一座钻石矿场，他就可以利用这笔巨额财富的影响力，把孩子送至王位。”

那天晚上上床时，阿里·哈法德变成了一个穷人——不是因为他失去了一切，而是因为他开始变得不满足。他想：“我要一座钻石矿。”因此，他整夜难以入眠，第二天一大早就跑去询问那位僧侣在什么地方可以找到钻石。

“只要你能在高山之间找到一条河流，而这条河流是流淌在白沙之上的，那么，你就可以在白沙中找到钻石。”僧侣说。

于是他卖掉了农场，将利息收回，把家交给了一位邻居照看，然后便出发去寻找钻石了。

在人们看来，他最初寻找的方向是十分正确的，他先是前往月亮山区寻找，然后来到巴勒斯坦地区，接着又流浪到了欧洲，最后他身上带的钱全部花光了，衣服又脏又破。

在旅途的最后一站，这位历经沧桑、痛苦万分的可怜人站在西班牙巴塞罗那海湾的岸边，怀揣着那位僧侣所激起的得到庞大财富的诱惑，将自己投入了迎面而来的巨浪中，从此永沉海底。

几十年后的一天，当阿里·哈法德的继承人（继承并居住在阿里·哈法德的庄园）牵着他的骆驼到花园里去饮水时，他突然发现，在那浅浅的溪底白沙中闪烁着一道奇异的光芒，他伸手下去，摸起了一块黑石头，石头上有一处闪亮的地方，发出彩虹般的美丽色彩。他把这块怪异的石头拿进屋里，放在壁炉的架子上，然后继续去忙他的工作，把这件事给完全忘掉了。

几天后，那位曾经告诉阿里·哈法德钻石是如何形成的僧侣，前来拜访阿里·哈法德的继承人。当看到架子上的石头所发出的光芒时，他立即奔上前去，惊奇地叫道：“这是一颗钻石！这是一颗钻石！阿里·哈法德已经回来了吗？”

“没有，还没有，阿里·哈法德还没回来。那石头是在我家的后花园里发现的。”

“我只要看一眼，就知道它是不是钻石，”这位僧侣说，“这确实是一颗钻石！”

然后，他们一起奔向花园，用手捧起河底的白沙，发现了许多比第一颗更漂亮更有价值的钻石。

这就是印度戈尔康达(Golconda)钻石矿被发现的经过。戈尔康达钻石矿是人类历史上最大的钻石矿，其价值远远超过南非的金百利(Kimberley)。英国国王皇冠上的库伊努尔大钻石(Kohinoor，106克拉)，以及镶在俄国国王王冠上的那颗世界上最大的钻石，都取自那处钻石矿。

这是美国演说家鲁塞·康维尔的著名演讲《钻石就在你家后院》的开篇故事，它讲述了当时世界上最大的钻石矿——戈尔康达钻石矿——的传奇发现经过。50年内，鲁塞·康维尔走过了美国各大州，在全美大小城市亲自讲演《钻石就在你家后院》达6000余次，他的演讲曾激励过两代美国人在自己的工作岗位上勤奋耕耘。

1888年，鲁塞·康维尔陆续用演讲所得的400万美元演讲费（相当于现在的1.45亿美元），建成了美国著名的Temple大学。

一个世纪后的今天，当我们再次“聆听”戈尔康达钻石矿的发现经过，在抛弃其纯粹的偶然性和传奇色彩后，我们仍然会被故事背后的深刻寓意所惊醒和震撼。

■集中精力做一件事

曾有人向一位成功人士请教："你为什么能完成这么多的工作？"这位成功人士是这样回答的："因为我奉行这样的原则，在某个时间段只集中精力做一件事，但要尽最大的努力把它做好。"

对本职工作不了解，业务不熟练，但在失败后却反而责怪他人，抱怨社会，这是不应该的，你应该做的是，尽最大的努力精通业务，这实际上并不难，只要你持之以恒地积累。

褐色皮肤、英俊潇洒的泰生从小就是游泳健将，经常参加比赛。"从很小的时候，别人就从两方面来看我们。"他说，"一方面看我们是谁，一方面看我们有何表现。我总是因为比赛成绩而获得夸奖。"

于是泰生不断追求成就。他的事业从一幢建筑物开始，然后变成两幢，最后名气愈来愈响亮，业务不断扩充发展。最后，泰生的事业扩张到自己都弄不清楚究竟涉足了多少生意。

"我兼营营造业、掮客业务、管理事业、旅馆经营、公寓改建等，每一种行业我都想插手。我非常兴奋，不知道什么是自己做不到的，所以想试探自己能力的限度。我常在早上起床看见自己的名字登在报纸上，感觉很舒服。然后再看一遍，感觉更舒服。凡事问题愈大愈多就愈好。”

有一天，银行打电话通知他的公司已过度膨胀，缓付款也已到期，要求偿还贷款。小神童泰生的事业就这样垮了。刚开始泰生责怪每一个人，把错误归咎于银行、社会经济情势或公司员工身上。最后，他只归结为一点：“我知道自己太自私了，我走得太快、太远，不知道自己的能力有一定的限度。面对新机会时我不说：‘这类生意我不做。’反而说：‘为什么不做？我什么生意都做。’我就是太好大喜功。由于每一件事都想做，结果无法把精神集中在任何一件事情上面。”哪一个问题最迫切需要解决，就成为他的当务之急。“我错把时间上最紧急的事当作最重要的事。”

泰生没有分辨清楚事情的轻重缓急。解决之道是重订目标，选择擅长的行业，然后重新集中精神去做。

泰生最擅长的是房地产开发。经过几年的拮据与苦撑，由于他专心地经营，终于逐渐有了起色。现在他再度成为纽约的百万富翁，只不过对自己能力的限度了解得更清楚了。

他自己认为，如果现在我有这样的想法：“经营健身俱乐部的生意好像挺不错？”我会马上阻止自己说：“谁要去做这种生意？我有我的赚钱行业，根本不需要做这种生意。让别人去做好了。”

事实上，我们每天的工作大多数都是例行的，或者千篇一律的。于是，我们的脑子常常几乎是闲着的。由于我们“无法全心投入”，结果就可能发生因疏忽而引起的错误，或者觉得工作没劲，甚至苦不堪言。我们应该努力把意识集中在某个特定的欲望，并要一直集中到已经找出实现这一欲望的方法，并且成功地将之付诸实际行动上去。首先要养成一定的习惯，习惯性的行为能使人较易全神贯注于眼前的挑战，习惯性的活动使人把精神重新集中起来。

其次可以增加工作的难度。我们的技能如果只够应付眼前的挑战，则专注的程度最高。要想轻松地完成一件简单乏味的工作，唯一的办法就是增加这个工作的难度。不妨把沉闷的工作转变成具有挑战性的比赛，跟别人比，跟从前的自己比，以便充分发挥自己的潜力，制订规则和目标，给自己一个时限。这样增加挑战性也许能够迫使你进入理想的全神贯注状态。因为为了超越别人、超越自己，你必须全力以赴。

在做一件事情时，你甚至可以在做每一个步骤时都把它说出来，这样不仅有助于全神贯注，而且能够提醒自己遗忘了哪些步骤。自言自语也有“摒除噪音”的作用，使你不易分心。一位年轻滑雪选手对观众的叫嚷声和纷飞的雪花感到心烦，教练适时地提醒：“看着前面。”这位选手于是像念咒似的反复说着“看着前面，看着前面，看着前面”，他终于把精神集中起来了，并取得了不错的成绩。

在学生时代，许多人就形成了办事拖沓，心不在焉，做一天和尚撞一天钟的坏习惯，以至于在工作中也是懒散成风，处处想投机取巧，蒙混过关。没有时间观念也是这类人的一贯作风，这使他们常常因此而遭受失败。到金融机构办事迟到，那么，被拒付票据就是正常事了；和人约会姗姗来迟，那么，失去他人的信任就是正常的事了。

这种品行的人必定会走向失败，也必将辜负亲朋好友对他的殷切期望。最糟糕的是，一旦这种人通过非正当手段占据了领导位置，其后果就非常严重，他们的种种恶习必将传染到下属身上。如此一来，整个公司必将一片混乱，这又如何能够生产出优质的产品？

■专注于你的工作

你要想让自己成为强者，必须这样来要求自己做事的习惯：专心地把时间运用于一个方向上，这样你就能集中精力，解决迫在眉睫的难题。每个人都整天在做事。假如你早上7点钟起床，晚上11点睡觉，你做事就整整做了16个小时。对大多数人而言，他们肯定是一直在做一些事，唯一的问题是，他们做很多很多事，而成功者只做一件。假如你将这些时间运用在一个方向、一个目标上，你一样会成功。

所以说，成功最重要的特质之一是专注。因为专注的员工会对自己的业务主动提出改善计划。因为在自己的业务方面，你就是专家，即使再优秀的领导也不可能做到样样精通，因此你要钻研自己的业务，经常考虑自己的工作有什么地方可以改善。因为，往往业务流程上做一点点的改进就可以增进公司的一大笔利润。

专注的员工不断地追求完美。正是有这种追求，才有了事业与人类社会的不断进步。事实上，每个人都可以通过自己的努力促进事业的发展。

有是一位创业者，他从小就有一个梦想，就是做一个具有影响力的企业家。但是，由于家境贫穷，他就想尽一切办法来改变自己，在云南当地上高中的时候，他就充分体现了一个创业者的潜能，他不仅兼职去做一些工作，而且还为自己将来的发展树立了坚定的目标。在北京经过十多年的积累之后，他有了一点属于自己的资产，他创办了第一个公司金维罗公司。他从小对写作就有着非常重的兴趣，在创办公司之后，他也没有忘记发挥自己的特长，从而使公司业务形成了图书出版、动漫产品的开发，使公司形成了多元化发展，最终使企业成就斐然。到现在为止，他编著的图书，已经使举不胜举的人员受益。

是什么原因使他的公司在不到两年的时间内取得如此卓著的成绩呢？答案是张其金那惊人的创造力和不断追求、吃苦耐劳、永不言败、永不放弃的执著精神。

他曾经说他是一个不到黄河心不死的人，一直不断地努力拼搏的精神是他不断走向成功的动力。尤其是在现在创业环境都在不断变化的今天，如果你能够专注于自己的职业，把工作中的每个细节都了解清楚并做到最好，那么这不仅能为你赢得好的声誉，还可以为你以后的事业播下希望的种子。

他认为，一个企业要充满核心竞争力，就需要具备一种能够比竞争对手更具竞争力的产品，但要提供这样的产品，人的因素更不能忽视，故而，建立一支具备良好素质的团队跟制作产品一样重要。企业要营造出一种环境，使得员工能够畅所欲言，气氛活跃，才能使团队成为一个有机的整体，激发出大家的积极性，为企业贡献力量。

他无论是在经营公司，还是在产品的开发过程中，他都非常注重细节，尤其是对经营环节中的每一个流程，他都做得非常到位。这也使得他所领导的公司能够在该行业中赢得一席之地，并成为动漫产业群体中的一位引领者的原因。

一位读者曾经手机发短信说："一个人的终身职业，是由他自己决定的。其实，无论在哪个行业都有施展才华的机会，关键要看你以一种什么样的态度来对待自己的工作。"

在最近的一年时间里，他带领着他的团队在文化创意产业方面已经取得了不小的成绩。例如他们开发的《狼孩莫克力》一书就是一个非常好的产业。他说，在进入这个产业之时，我就不断提醒自己：我开发的产品是给谁的，我究竟需要的是什么。正是因为我有了这两个问题，从而使我非常的清楚，我将带领着我的团队走向哪里，同时我也清楚地认识到我正在创造的东西是什么。而这也是我的团队们进行工作的力量来源。

他说，大多数事情都是说起来容易做起来难。虽然任何事情做起来都不容易，但只要具备非凡的能力和克服困难的执著精神，他就会获得成功的。

对此，一家媒体在评价他时说："尽管现在我们不能说张其金成功了，但是，我敢肯定地说，如果张其金哪一天成功了，那么，他的成功就是源自于他对自己职业的专注和他那种为了成功所突现出的那种惊人的劲头，还有他那种总想把事情做得更好一些的精神。正是他具备了这一特质，无论他做什么，他都认为：只要有办法改进，张其金总是想精益求精。"

当然，这只是来自于媒体的评价，他本人是如何评价自己的呢？

在韩娜的新作《为自己奋斗》一书中，韩娜曾引用他的话说：“无论我们做任何事情，并不见得我们就具备了超凡的能力，但应该具备一种超凡的心态，只要我们具备了这种超凡的心态，我们就能够积极主动地抓住并创造机遇，而不是一遇到困难就逃避退缩，为自己寻找借口。如果我们这样做的话，是不可能取得成功的。这时，我们需要的是一种专注，那么，我们如何达到专注呢？这就需要我们对自己的人生进行设计，将精力集中在自己擅长的领域，以便提高个人的竞争力。”

其实，在这里，他想要表达的就是专注于自己的长处。毕竟专注于自己的优势，这是注重贡献的策略之一。一位有名的成功学家曾经花了十多年的时间研究，发现成功者的成功路径各不相同，但却有一点是相同的，就是扬长避短，发挥自己的长处是成功的最大机会。为此，他建议：

首先，集中70%的专注力于自己的长处。卓越的成功人士都会把较多的时间专注于他们所擅长的领域，以使自己的潜力能得到更好地发挥。管理学大师彼得·德鲁克说：“人们并不会在事情被搞砸时大惊小怪。倒是会惊颂、惊叹那些偶然作出的美好、正确的事。能力不足是极为正常的，每个人的长处都只在某个方面。正如从来没有人议论过为什么伟大的小提琴家贾·海菲兹不会吹喇叭一样。”想成功就应该专注于自己的长处，并努力培养它，这才是自己时间、精力和资源投资的正确方向。

其次，用25%的专注力学习新事物。要精益求精，就必须不断改变自己。学会改变自己才能成长、才会进步，这意味着你必须跳出自己原来的模式，去学习新事物，在长处上不断追求进步会使你很快成为一名领导人才。

最后，用5%的专注力避免个人弱点。没有人能完全避开自己的弱点，关键是如何尽量避免。

这一理论用在管理实践中就可以避开传统人力资源管理的两个误区：一是认为经过足够的培训，所有人都可以胜任同一岗位；二是认为改进个人的弱点是他获得进步的最大机会。

根据这一理论，现在的管理者和员工要注意发现自己的长处，并集中精力使用自己的长处，使它成为自己得天独厚的优势。

假如你是一名员工，“产值”极高，但文件管理一团糟，你想怎样进一步提高效率？

你先要了解为什么自己不善于管理文件，是刚来不久？还是不明白方法？你可以在这方面接受一些必要的培训或者请教有效率的同事。如果还不行的话，说明你缺乏管理文件的才干，应该另外寻找一种解决方案。稍微控制一下自己不善行政的弱点，转而全力以赴抓业绩。

再如，假如你现在是一名经理，手下有两个部门职位空缺：一个绩效高的部门，一个绩效不太好的部门，但均有潜力可挖。你手上恰好有两名经理，一位具备一流的管理才干，另一位是平庸之辈，你会如何分派呢？

优秀的领导会把最具才干的经理派到高效的部门去，帮助该部门更上一层楼，尽管其难度绝不亚于帮助低效部门摆脱困境。不要选一名平庸的经理去绩效不好的部门，而应挑选扭亏为盈的高手去整治。平庸的经理很难管理好优秀的部门，而落后部门将拖垮优秀的经理。若把有才干的经理派去管理低效的部门，把平庸的经理派去管理高效的部门，结果很可能是浪费了两名经理，同时使两个部门的绩效都减半。

■ 专心干好每一件事

西点人相信，一个不注重细节的人，在战场上是不可能有冷静的头脑及过人的分析的，粗心大意和鲁莽行事可是军人的大忌。所以西点严格要求每一个学员将自己身边的每一件小事都要做好。对于公司来讲，每年有很多大事，但具体落实到每个员工头上就是一件件小事，千万不能忽略这些小事，一件小事的失误，可能直接影响到公司的发展。

美国一家大公司在招聘员工时，特别注重考察应聘者专心致志的工作作风。通常在最后一关时，都由总裁亲自考核。现任经理要职的哈里斯在回忆当时应聘的情景说："那是我一生中最重要的一个转折点，一个人如果没有专注的工作精神，那么他就无法抓住成功的机会。"那天面试时，公司总裁找出一篇文章给哈里斯说："请你把这篇文章一字不漏地读一遍，最好能一刻不停地读完。"说完，总裁就走出了办公室。哈里斯想：不就读一遍文章吗？这太简单了。他深呼吸一口气，开始认真地读起来。

过了一会儿，一位漂亮的金发女郎款款而来，"先生，休息一会吧，请用茶。"她把茶杯放在茶几上，冲着哈里斯微笑着。哈里斯好像没有听见也没有看见似的，还在不停地读。又过了一会儿，一只可爱的小猫伏在了他的脚边，用舌头舔他的脚踝，他只是本能地移动了一下他的脚，丝毫没有影响他的阅读，他似乎也不知道有只小猫在他脚下。那位漂亮的金发女郎又飘然而至，要他帮她抱起小猫。哈里斯还在大声地读，根本没有理会金发女郎的话。

终于读完了，哈里斯松了一口气。这时总裁走了进来问："你注意到那位美丽的小姐和她的小猫了吗？""没有，先生。"总裁又说道："那位小姐可是我的秘书，她请求了你几次，你都没有理她。"哈里斯很认真地说："你要我一刻不停地读完那篇文章，我只想如何集中精力去读好它，这是考试，关系到我的前途，我不能不专注一些，更专注一些。别的什么事我就不太清楚了。"总裁听了，满意地点了点头笑："小伙子，你表现不错，你被录取了！在你之前，已经有50人参加考试，可没有一个人及格。"他接着说："在纽约，像你这样有专业技能的人很多，但像你这样专注工作的人太少了！你会很有前途的。"果然，哈里斯进入公司后，靠自己的业务能力和对工作的专注和热情，很快就被总裁提拔为经理。

世界上最可怕的人就是认真的人，你也能像哈里斯一样专注自己的目标，不受任何东西干扰吗？要想经受住外界的诱惑，需要疯狂般地锁定自己的目标，决不改变，并不断告诫自己——专注！专注！你就接近成功了！

做事专注是优秀企业员的一种良好习惯。一个人如果不能专注于自己的工作，是很难把工作做好的。

在西点人看来，与其诸事平平，不如一事精通，这是成就伟业的一种规律，也是职业人士攀登职业高峰的秘诀。

分散精力、摇摆不定、犹豫不决的员工是不会在职场中获得成功的，他们总是这山望着那山高，不断地攀爬，却总是浅尝辄止，最终一无所获。

查理·威利刚毕业就应聘到了美国壳牌公司。由于他从小就有一股做事不服输的精神，所以暗暗发誓，他一定要努力干好自己的工作！

刚开始，公司要培训半个月，主要是对业务、人际关系、意志等方面的培训。由于在大学里培养了扎实的文化基础，查理·威利对各种文化知识培训显得游刃有余。很快，查理·威利就被总经理安排做员工的辅导员。查理·威利每天早上用自己掌握的知识给员工上课，在传授了基本知识的同时，也带给了团队无限的激情。总经理常常会露出会心的微笑，以表示对查理·威利工作和能力的赞赏和肯定。

培训后期，他们进行了一场篮球赛，由于在大学里查理·威利就是系队里的主力，所以他的水平比其他人明显高出一截。但是，查理·威利当时明白，篮球是集体运动，讲究团队精神，所以，查理·威利在得分的情况下还是不断地助攻和防守，最终，他们队以大比分获胜。总经理过来拍了一下查理·威利的肩膀，笑着说："你还是个全才啊，好样的！"

培训就要结束了，公司要求把培训期间的学习、经验、心得、感受等汇编成一个期刊，在公司内部发行，这个工作由查理·威利来负责。查理·威利感觉到，他的机会来了，他很出色地完成了任务，得到了经理的赞赏，而且他的那篇文章还获得了“最佳文章”奖。

培训结束后，查理·威利就被总经理任命为办公室人事主任。

因此，成功，仅仅在于你用心干好每一件事，用心地把握好每一次机会！美国钢铁大王卡内基把自己的成功归因于勤奋和对某个目标持之以恒的专注。他说：“我专心致志于一件事情的时候，好像世界上只有这一件事。”

一个人无论从事何种职业，都应该尽心尽责，尽自己的最大努力，求得不断的进步。这不仅是工作的原则，也是人生的原则。如果没有了职责和理想，生命就会变得毫无意义。无论你身居何处，贫穷困苦的环境中，如果能全身心投入工作，最后都会获得成功。那些在人生中取得成就的人，一定在某一特定领域里进行过坚持不懈的努力。

重庆煤炭集团永荣电厂的罗国洲，是一名有30年工龄的普通而不平凡的员工，从烧锅炉到司炉长、班长、大班长，至今他仍深情热爱着陪伴他成长并成熟的锅炉运行岗位。就是在这个岗位上，他当上了锅炉技师，成为国内闻名的“锅炉点火大王”和“锅炉找漏高手”。

罗国洲有一副听漏的“神耳”，只要围着锅炉转上一圈，就能在炉内的风声、水声、燃烧声和其他声音中，准确地听出锅炉受热面是哪个部位管子有泄漏声，往表盘前一坐，就能在各种参数的细微变化中，准确判断出哪个部位有泄漏点。

除了找漏，罗国洲还练就了一手锅炉点火、锅炉燃烧调整的绝活。在用火、压火、配风、启停等多方面，他都有独到见解。锅炉飞灰回燃不畅，他提出技术改造和加强投运管理建议，实施后使飞灰含碳量平均降低到8%以下，锅炉热效率提高了4%，为企业年节约32万元。针对锅炉传统运行除灰方式存在的问题，罗国洲提出“恒料层”运行，经实施，解决了负荷大起大落问题，使标煤耗下降0.4克/千瓦时，年节约200多万元。

罗国洲学历不高、工种一般、职务很低，但他却成为社会公认的技术能手和创新能手，他的成长经历给我们的启迪就是：干一行，爱一行，精一行。

一个人精通一件事，哪怕是一项微不足道的技艺，只要他做得比所有人都好，那么他就能获得丰厚的奖赏。如果他集中精力，坚忍不拔，将这门微不足道的技艺练得异常精湛，他也将获得丰厚的回报。

我们之所以不成功，是因为看到的太多，想得太多，禁不住太多的诱惑，失去了自己的目标和方向。一个人只有专注于你真正想要的东西，你才会得到它。

在人生路上，我们能集中精力去发展我们的某一项专长，我们就比那些聪明但四处出击的人占优势。人的精力有限，我们只有将有限的精力集中在最适合发挥我们潜能的某一个方面，才容易取得突破。所以集中精力正是人生成功的要决。

应聘者找工作，招聘官问他有什么优势的时候，大多数人的回答无非是“我有丰富的经验”“我想赌一把”“我有很强的应变能力”，或者“我很勤奋”等等。这些话说了也等于没说，你一定要找到自己和别人的区别，你的技能是什么？你精通哪一项？

特别是在竞争日益巩固激烈的职场上，你想占有一席之地，并拥有名誉和至高的地位，你就必须选择一个目标，专注自己的优势，然后认真地全力以赴，付诸行动，做到精益求精，就能奠定“专家员工”的地位。

克里斯丁是巴黎一家五星级大酒店的一个小厨师，他长得并不英俊，憨憨的，谁都可以说他两句，他也都照单全收。他的老板甚至一度决定辞掉他，因为克里斯丁没有什么特别的长处，做不出什么上得了大场面的菜。但是他会做一道非常特别的甜点，这道甜点吃起来特别香。

有一次，一位长期包住酒店的贵妇人偶然发现了这种甜点，她品尝后，十分欣赏，并特意约见了做这道甜点的克里斯丁。后来，这位贵妇经常带她的朋友来这家酒店，目的只是为了品尝这种甜点。每次到这里来，贵妇就会指名要克里斯丁做甜点。

克里斯丁的待遇因此而得到了提高。

一个人如果拥有了自己的“拳头产品”，就有了能够安身立命的资本，这也是你取得人生成功的不二法门。

要想不被人替代，你得有一手绝活。有些所谓多面手，同时拥有注册会计师证和律师资格证，但究竟应从事会计工作还是律师工作，什么最能发挥其专长，他们却不知道。

一些大学生在校读书期间参加各种辅导班，也花了不少钱买书、报名考试，最后获得了不少的证书，但毕业之后却很难找到自己认为合适的工作。当记者、做老师、干销售……职业换了又换，却依然没有成绩。只是蜻蜓点水般拥有多种技能的人，往往不如拥有一项专长的人受青睐，后者比技能虽多但无专长的人更容易获得成功。

成功大师拿破仑·希尔博士说："专业知识是这个社会帮助我们将愿望化成黄金的重要渠道。也就是说，如果你想要获得更多的财富，就要不断学习和掌握与你所从事的行业相关的专业知识。无论如何，你都要在你的行业里面成为一等一的专才，只有这样，你才可以鹤立鸡群，高高在上。"

一个成功的企业管理者说："如果你能真正制好一枚别针，应该比你制造出粗陋的蒸汽机创造的财富更多。"一个人，必须在所干的这一行业中全方位地深度发展，最终练出你的"拳头产品"。无论我们做什么工作，都要钻研业务技能，让自己成为岗位上的专家。

当你集中精神、专注于眼前的工作时，你就会发现自己获益匪浅，你的工作压力就会减轻。由于对工作的专注，还能激发你更热爱公司、更热爱自己的工作，并从工作中体会到更多的乐趣。

盖尔克是西门子中国区第一任销售总经理，他为德国西门子公司的电器产品占领中国市场立下了汗马功劳，他本人也因此赢得了名誉，取得了巨大的成功。

有记者采访他："你可以透露一下成功的秘诀吗？"

盖尔克说："秘诀谈不上，我从1983年开始在西门子工作，用中国人的话说已经有19年工龄。我始终有一个座右铭：工作要专心致志，一次只做好一件事。近20年来，我一直坚持这一信念，在西门子的市场部、产品销售部都工作过。如果说取得了一点成绩，这就是其中的原因。”

一名优秀的企业员工不仅要养成专注于工作的习惯，而且还要把专注于工作看成是自己的使命。

如今，做事是否专注，已成为衡量一个人职业品质的标准之一。一些企业文化提倡“爱岗、敬业”，倡导“做一行，专一行”，而我们工作中能够做到专注，全身地投入，便是务实、敬业最基本、最实在的体现。但有人会说，我在工作中也想做到专注，但总是不由自主地分心，该怎么办呢？你可以尝试以下几种方法，慢慢进入专注状态。

1. 从你感兴趣的事情做起

做某项工作时，先从你感兴趣的部分开始，一旦你投入其中，那些原先不感兴趣的部分也会变得不那么令人讨厌了。

2. 调整好精神状态

充足的睡眠，良好的状态，能确保你的大脑有足够的养料。而大脑的投入，正是进入专注状态的首要条件。如果实在觉得累的话，就暂时休息一下吧，哪怕十分钟，都是大有裨益的事情。

3. 努力营造一个安静的环境

很多人之所以无法专注工作，是由于经常受到环境的干扰。如果你的工作并不需要总是与人打交道，那就不妨用耳机把耳朵塞起来，或者把办公室的门关起来。外界的声音消失了，你就能静下心来工作了。

只有努力养成专注工作的习惯，你的工作才会变得有效率，你也会更加乐于工作，并且更容易取得成功。如果你对专注工作带来的效果仍心存疑虑，就不妨尝试一下，相信你很快就会沉浸于专注工作所带来的乐趣之中。对优秀企业的员工来说，这无疑是再好不过的了。

■比别人多专注点就是成功

西点人认为，将任何有意义的事情做好，是你成功的预示。因为你比别人多付出，你在实际工作中也比别人想的更周到，这样的员工是任何老板都渴求的。

实力的强弱并不能决定能力的高低和成功与否。学习中，资质平庸的人，只要用心专一，假以时日，必有所成。相反，天资聪颖的人，如果心浮气躁，用心不专，只会辜负上天的厚爱，一事无成。

“专注”就是把意识集中在某个集中特定的欲望上的行为，并要一直集中到已经找到实现这个愿望的方法，直到成功地将其付诸到实践为止。

古希腊第一位大哲学家泰勒斯博学多知，对天文、气象、几何等科学都兴趣浓厚。

有一天晚上，泰勒斯边走路边抬头仰望星空，专心研究着天文学的问题，忽然一不小心，跌进了路旁的一个土坑里。

“哈哈，你自称知道天上的东西，却不知道脚下的东西，跌进这个土坑里就是你的知识带给你的好处吧！”有人在那里冷嘲热讽。

泰勒斯看了看一旁幸灾乐祸的人，从土坑里爬上来，笑着说：“只有站得高的人，才有从高处跌进坑里的自由。像你这样不学无术的人，是享受不到这种自由的。不学无术者本身就如躺在坑里一样，怎么能从上面跌进去呢？”

歌德闻听此事后说道：“专心钻研天上奥秘的人，怎么能再专注脚下路的平坦与否呢？因此，许多大智慧者，在生活琐事上往往是愚蠢者。”

泰勒斯仰望天上的星星而掉进坑里，大致说的就是这样一种道理。要有所成就，必须集中注意力，放弃对生活中的一些琐事的享受和关心。

成功最重要的特质之一就是专注。有人认为，在21世纪里，人们已经不仅仅是在用心，而是开始用肝、用肺了。假如你还不用心，那就会有相当大的危机发生。所以说，工作成绩不好，这是因为你的态度不够专注，没有专心致志地去了解你的工作和企业。

专注的员工会对自己的业务主动提出改善计划。因为在自己的业务方面，你就是专家，即使再优秀的领导也不可能做到样样精通，因此你要钻研自己的业务，经常考虑自己的工作有什么地方可以改善。因为，业务流程上的一点点改进往往就可以为公司增进一大笔利润。

专注的员工不断地追求完美。正是有了这种追求，才有了事业与人类社会的不断进步。事实上，每个人都可以通过自己的努力促进事业的发展。

专注是通向成功的一把神奇的钥匙！

它将打开通向财富之门；

它将打开通向荣誉之门；

它将打开我们潜力库之门；

它将打开我们的成功之门。

我们将用专注这把神奇的钥匙，打开通向世界各种伟大发明之门。

所有获得巨大成功的人，都是在使用了这把钥匙，拥有了一种神奇的力量之后，变成大富翁的。

除了这些，它还将打开监狱之门，把人类的渣滓变成有用的、有责任感的人。

没错，就是这么神奇，就是这么有效，只要你拥有了这把“神奇之钥”——专注或者叫做专心。

现在，我们把在这一特定领域使用的“专心”一词的定义介绍一下：

“专心”即把意识集中在某个特定的欲望上的行为，并要一直集中到已经找出实现这个欲望的方法，而且成功地将之付诸实际行动为止。

说到底，“专心”本身并没有任何神奇的力量，只是控制注意力而已。

倘若我们十分专心于我们的工作，我们将会全神贯注地投入。别人也不能让我们感觉不安，因为我们甚至不觉得有人在自己的旁边，假如有人看我们工作使我们感觉不安，那可能因为我们的工作做得还不够令自己满意，解决的方法就是专心去做得更好些，而不要勉强克制自己的不安。如果我们知道自己做得很不错，大家看我们时，我们便不会感觉不安，反而觉得很自豪。我们不安是由于怕做得很糟糕，怕出错，怕出丑，怕其他人看出我们隐蔽的思想，这样会引起我们的脸红手颤、声音战栗，从而工作会做得更糟，工作做得更糟会导致加倍的自卑与羞愧，这就形成了一种恶性循环。

在很多成功人士所遵循的几条成功定律中，第一条成功定律就是专注于目标，清楚地认识它，紧紧地盯住它。怀抱一个目标，清楚地知道自己的使命是什么，希望就在前面。

当我们专注于我们的事业时，我们将会最大限度地排除外界因素的干扰。

我们渴望完成自己的工作，我们对目标抱着初恋般的热情。我们百折不挠去达到自己的目标，不计荣辱。我们这样做，只是因为我们热爱我们的事业，我们乐此不疲。

1858年，瑞典的一个富豪人家生下了一个女儿，然而不久，孩子患了一种无法解释的瘫痪症，丧失了走路的能力。

一次，女孩和家人一起乘船旅行。船长太太给孩子讲船长有一只天堂鸟，孩子被这只被描绘的鸟迷住了，极想亲自看一看。于是保姆把孩子留在甲板上，自己去找船长。孩子耐不住性子等待，她要求船上的服务生立即带她去看天堂鸟。那服务生并不知道她的腿不能走路，而只顾带着她一道去看那只美丽的小鸟。奇迹发生了，孩子因为过度渴望，竟忘我地拉住服务生的手，慢慢地走了起来，从此，孩子的病便痊愈了。女孩子长大后，又忘我地投入到文学创作中，最后成为第一位荣获诺贝尔文学奖的女性，她就是茜尔玛·拉格萝芙。

忘我是走向成功的一条捷径，只有在这种环境中，人才会超越自身的束缚，释放出最大的能量。

一个人一旦集中注意力，就能调整自己的思想，使它能接受空中的所有思想波。这样，整个世界都将是一本公开的书籍，任你随心所欲地翻阅，汲取你认为有用的精华。

有位年轻人新进一家公司，老板只交给他一项简单的工作，他觉得不足以表现自己的才能，于是前去要求多给他一点事做。

老板说：“我打个比喻，如果我丢给你一个球，你必定很容易就能接到。而当你把那球拿稳之后，再抛给你第二个，必定也能抓住。但是如果当初我同时丢给你两个球，你不但不能保证全部接到，恐怕连一个都抓不住了。同样是希望手里有两个球，何必非要一块接呢？所以当你做事时，两件事可以同时去做，但千万不要想同时取得、同时开始，必须把其中一件稳住之后，再接另一件，免得手忙脚乱，全都失败了。”

“蚓无爪牙之利，上食埃土，下饮黄泉，用心一也。”一心不可二用，专心致志做事情。通过专注于自己的事业，忘掉自我，保持一种泰然自若的心态，同样也是克服紧张情绪、战胜自卑心理的法宝。

成就决非朝夕之功，凡事必须从小做起，只要有意义，于公司有利，那么，抛弃所有的借口。记住：你不会一步登天，但你可以逐渐达到目标，一步又一步，一天又一天。别以为自己的步伐太小，无足轻重，重要的是每一步都踏得稳。

从一粒沙里，可以看到一个世界！只要将每一件事情，哪怕是再小的事情做好，我们终将获得整个世界，所有的成功与荣誉都会随之而来。这也是西点精神——细节决定成败带给我们的启示。

一个农场主在农场里不慎将一只名贵的金表丢失在谷仓里，他到处搜寻，结果依然毫无踪迹。于是，就在农场门口贴了一张告示：凡是找到金表的，奖金100美元。

面对重赏的诱惑，人们竭尽全力四处查找，无奈谷仓内谷粒成山，还有成捆成捆的稻草，想在其中找回金表如同大海捞针。

太阳落山了，金表还是渺无踪迹。大家费尽心机，一无所获，开始纷纷抱怨金表太小，谷仓太大，稻草太厚。天渐渐暗了下来，更是无法寻找了，于是一个个放弃了100美元的诱惑。

但是，只有一个衣衫褴褛的小男孩依然毫不气馁，继续在谷堆里寻找。他已经整整一天没吃饭了，但是，为了解决家境的困难，他渴望能找到金表，能让父母和兄弟姐妹吃上一顿饱饭。

夜已深了，男孩也累了，他躺在稻草堆里歇息一会儿。突然，他听见一个奇特的声音“滴答滴答”地响，他顿时屏住呼吸，认真倾听谷仓更加安静，滴答声响更加清晰。男孩循着声音终于找到了埋藏在谷堆深处的金表，最终得到了100美元。

成功如同谷仓内的金表，早已存在于我们周围，散布于人生的每个角落，只有我们静下心来，执著地去寻找，才能发现。

这个故事告诉我们一个简单的道理：成功法则很简单，那就是执著。

成功的机会就在执著的过程中。沿着一个方向，认准一个目标，排除各种杂念，拒绝各种诱惑，信心十足地走下去，最终一定会有所收获的。

浙江正泰集团老总南存辉在谈到自己的事业成功之道时说：“我

这辈子就是要在低压电器领域里心无杂念，一门心思鼓足劲向前冲了。其实，在经济领域里诱惑是很多的，有非常多的行业让你去选择，尤其是你比较成功时。但真要这样做了就很容易导致你决策上的随意性。就像烧开水，若你把这壶水烧到了99度只差1度就要开了，但你突然心血来潮认为另一壶水更好，于是把原来那壶水扔下不管，反而另起炉灶，结果新的一壶还没烧开，而原来那壶也凉了。”

一个人在追求的路上，要面对两种来自内心的挑战。一种是对失败和挫折的恐惧，一种是来自其它方面的诱惑。挫折让人气馁，而诱惑则会让人放弃正确的方向。诱惑也最难抵挡。

现在有太多的人经不住各种诱惑，不能够把一壶水烧开。别说是把水烧到90多度，很多人在自己的那壶水烧到五六十度时就撒手了。

往往这些烧水的人一般都很有才华，也被大家认为将会大有作为。然而，最终大多数人还是没有把一壶水烧开。人生苦短，无不令人扼腕叹息。毫无疑问，能够一生烧开一壶水的人绝对是伟大的。

“一生只烧一壶水”是近时期提出的一种理论，意思是：要烧开一壶水，就是要把自己的资源都集中运用到这个目标上来。其实这也是一种目标选择与执著追求既定目标的理论。

这个社会上只有还没被烧开的水，没有不值得我们去烧的水。中国古语有云：“三百六十行，行行出状元”。所谓的状元，就是我们这里所说的“烧开了的水”。

在职业的选择上，人们一直以来都有“冷门”、“热门”之说。这是社会上一种根深蒂固的偏见。由此，我们经常看到这样的现象：

很多人都争着去报考热门专业，比如当年的计算机、外语等专业，而不管录取率其实并不高；很多吃香的工作总是门庭若市，而那些“清水衙门”却门可罗雀。

事实上，热门与冷门只是相对的。今天的热门往往明天就会无人问津，而现在的冷门说不定过几天就热起来了。因为市场需要的就业者毕竟是有限度的，不可能一个行业需要非常多的员工，而另一个行业不需要补充新鲜血液。其实只要你认为这壶水值得烧，你能够从中获得成就感，它就值得烧；如果你觉得这壶水烧起来让你十分厌烦，那就算它是热到如日中天的职业，我建议你也可以重新选择了。

一个人必须给自己定好位，看看自己有什么过人之处，在哪些方面有发展的潜力，或者说自己的兴趣所在是什么。世界上到处都是有才华的穷人。为什么会出现这样的情况呢？原因是一个太过优秀的人，常常会认为每一壶水都值得去烧，每一壶水自己都能烧开。若光从表面来看，每壶水都值得去烧，而且每壶水都能被烧开。然而，一个人就如一把薪火，在某个时间段内，一次只能够烧开一壶水。个人优势的关键在于，它明确指出，一个人只能有一个优势，多优势只会降低优势。同时追赶两只兔子的结果是一只也抓不到。同时烧两壶水必然造成精力分散。

当明确定位自己的优势所在后，就应该选择你最值得烧的那壶水了。那么，如何烧呢？这就要求我们不停地烧，直至烧开。水没烧开前，即使有核心也还形成不了优势。而且，往往烧水的过程是最困难的。因为大多数人都会有见异思迁的人性弱点，难免会对水是否可以烧开产生怀疑甚至动摇。当脑子被深度的疑虑占据后，我们便有可能认为：这壶水根本就不值得烧，我当初的决策失误了！

一个能够把水烧开的人，至少必须具备三种能力：一是忍受孤独的能力；二是忍受失败的能力；三是忍受屈辱的能力。

很多人做不到上述三点中的一、二点甚至三点，常常在水烧到了60度之后就打退堂鼓了。其实任何人在刚烧水时都没有太大的区别，差距就在于谁能够专心一意地把水烧下去。

所谓成功人士，就是那些把一壶水烧开了的人，仅此而已。一壶水烧开了以后又该如何做呢？我们知道，一壶烧开了的水，如果不继续烧下去很快就会凉下来。要让水保持在沸点上绝不是一件易事，有时跟烧开一壶水同样难。

通常，烧开了一壶水的人会获得非常多的回报，如物质上的、荣誉上的。当处于众人吹捧的环境里，时间一久，难免自己的那壶水便难以顾及去烧，很快就会凉下来。“拳不离手，曲不离口”，否则，难免会“三天不练手生，两天不唱口生”。社会上那些取得成功之后很快就走向失败的人多得数不胜数。看来，要做流星不容易，要做恒星就更难了。

毕竟，在烧开了一壶水后，就急着想要烧下一壶水和想去烧别人那一壶水的人，社会上太多了，很可能包括我们自己。真正能够板凳坐得十年冷，甚至几十年冷的人，能够在自己的专业上精进再精进的人太少了，于是，我们看见了。歌星唱红了做演员，演员火了去出书。由此可知，要真正做到“一生烧开一壶水”，就是从事你最喜欢的行业和职业，然后把你喜欢做的事情做到底为止，直到全世界都公认你在这方面的能力，这时候，你的“核心优势”也就达到了最完美的境界，你的那壶水就是烧得最好的。

第七章　在工作中要坚决服从

一个高效的企业必须有良好的服从观念，一个优秀的员工也必须有服从意识。因为上司的地位、责任使他有权发号施令；同时上司的权威、整体的利益，不允许部属抗令而行。

■服从是一种美德

一个优秀的公司，每个员工都应该各司其职、各就其位，做好本职工作，每个员工都应具有良好的服从观念和服从意识。一个优秀的员工应做到：上司做决定时很好地“服”从；上司要求解决问题时一定“顺”从；与上司没有共识时尽量“听”从。到最需要的地方去，做必须做的事，而不是忘记自己的责任，脱离自己的岗位。

要知道，服从是一种美德。你的服从可以证明你的大度和谦和。可以给人以值得信任的感觉。当你无条件服从时，你的精神可以感动所有与你合作的人。

在工作中，如果职业人能奉行服从这一原则，那工作成绩一定会非常出色。如果这种精神能影响到公司中的每一个人，那公司整体的工作效率就会成倍地增长。

西点新生入学后的第一课是学会回答长官的问话，只有四种回答：“报告长官，是”、“报告长官，不是”、“报告长官，没有任何借口”、“报告长官，我不知道”。除此以外，不能有其他答案。

假如员工也是这样回答老板的问题，干脆、利落，而不是一堆理由和借口，这将是一个全新的局面。如果老板这样问会计：“这个月的报表做好了吗？”会计的回答应该是有或没有，而不应该是“没有时间”、“我被什么乱七八糟的事情弄昏了头” 等这些话语，因为这些都是给工作找的借口，老板要的是结果，不是喋喋不休的说辞，他只想知道你是否会做他交待的工作，他只想知道这项工作你是否已经完成，如此而已。很多时候，老板不是因为员工不会做某项工作而生气，他只是恼火员工为什么总是找一堆自己不会的理由。

阿尔伯特·哈伯德的一本《致加西亚的信》风靡全球，因为里面有一位叫安德鲁·罗文的英雄，让我们来品味这个非常精彩的故事，看看他是怎样把信送给加西亚的：

美国与西班牙交战时，美国总统意识到美国军队只有同古巴的起义军紧密地配合，才能取得胜利，总统急切地想知道西班牙军队在岛上的各种情报，包括军队情况、古巴的地形，西班牙部队的情况等等。

总统问瓦格纳上校：“哪里能找到把信送给加西亚的人？”

瓦格纳说：“我有一个人——一个年轻的中尉安德鲁·罗文。”

总统命令：“派他去！”

当瓦格纳上校把任务下达给安德鲁·罗文时，他知道这是一项极其重要，而且极其艰难的任务，但那一刻，他的胸膛没有容纳任何的犹豫和疑问，接过了总统手中那封“给加西亚将军的信”。

这项任务并不是一次旅行，没有人知道加西亚将军在什么地方，当然包括安德鲁·罗文，而且途中的危险无处不在，很多在战争中传送情报的战士不仅牺牲了，而且机密情报被敌人破解了。可想而知，这是一项多么严峻的任务。

前往古巴的最佳途径是牙买加，安德鲁·罗文身上带着向牙买加官方证明他身份的一份非常危险的文件，由于担心西班牙人的搜查，安德鲁·罗文怀着极其忐忑的心情登上了牙买加的领土，在军人联络处指挥部的帮助下，换了两个马车夫，经过9个小时，他来到丛林中的小房子前，找到了格瓦西奥·萨比奥做向导。

他们走到离古巴海岸只有100英里的地方，西班牙轻型驱逐舰经常在那里巡逻，情况非常危险，如果被捉，不仅不能完成任务，性命将不保。他们没有躲过西班牙的巡逻舰，所幸的是他们脱离了危险。

紧接着，很多危险接踵而至，可是他从来没有想到过退缩，更加不会为退缩找借口，在经历了很多事情，克服了重重困难后，他终于成功了，他成功的把信交到了加西亚将军。完成任务后的安德鲁·罗文收到了总统的贺信，赞扬他勇敢地完成使命，而他却坚定地认为只要是任务，只要是命令，就应该没有任何借口地执行，这是一个军人的职责。

安德鲁·罗文1881年毕业于西点军校，作为一个军人，他在完成任务中表现出来的敬业、服从是每一个从业人应该学习的，而且他在接受和执行任务的过程中对于上司下达的任务没有任何借口地接受是一种强有力的工作态度。

工作没有任何借口在一些人眼中，似乎就是绝对的和不公平的，因为工作过程中必然会出现一些客观条件的限制，有些理由是非常充足的。西点这样的军规就是想要告诉学员，没有任何借口，就是要求你无论遭遇什么样的环境，都必须全力以赴地去完成。但如果失败已

经产生，也必须没有任何借口地接受失败，因为执行没有借口，失败也一样没有借口。既然结果已经产生，那还要借口做什么。

做事情是否能获得成功，很大一部分的原因在于是否给自己的失败找借口。成功的人士总是选择最积极的思考、最乐观的精神来支配和控制自己的人生；失败的人则刚好相反，他们的人生受过去的种种失败与疑虑所引导和支配，给自己的失败找借口。“时机不成熟”、“我被某些难缠的事情耽搁了”这些借口成为了你没有把事情做好的理由。其实，你只要想想，失败就是失败，不用找任何借口来解释，如果想在失败后找借口的人，在工作的过程中也是一个借口百出的人，他认为自己无法克服那么多的困难，只要有困难存在，他就不可能取得胜利。

■坚决服从

军令如山倒，服从是军人的天职。在军队里不管你的上司叫你做什么，你不要问为什么，你只需要照做不误就可以了。在军队不学会服从，不养成服从的观念，你就不能在军队中立足，你就不是一个好军人。

军队里的服从就是被领导的心态。

在任何一个团队或是组织里，如果下属不服从上级的命令，那么，命令就无法执行，公司的任务就无法完成。被领导的心态，是一种团队精神。

一个人既要有领导别人的欲望，又要有被领导的心态。前者激发自己不断努力，积极进取，后者让自己成为一个称职的人。

人类社会最基本的行为法则是互惠的交换，投入才有回报。你愿意被人领导，你才可能领导别人。

如果你问一位教练，理想的运动员应该具备哪些条件？教练将会答复："要有运动天赋，体型适合，技巧良好，此外还要有正确的心态，最重要的就是愿意被领导。"

运动员从开始锻炼至出名，都要经过数位教练调教。第一个教练教他基本动作；第二个教练教他精妙技巧，教他如何收放自如；第三个教练则针对他特有的力加以开发，引导他登峰造极；第四个教练则给他进行心理辅导，心理锻练。

教练最不能忍受的是：运动员经过一番训练，一番雕琢，成绩有相当进步，却开始傲慢自大，认为从教练身上已无法学到东西。

但事实是，无论运动员的天赋有多高，仍然需要引导开发，而且，教练必须将运动员妥当配置在团队中，才能发挥团体战斗力。带领高手如云的球队，更需要高超的教练，才能将一群运动明星，组合成一支明星球队。不愿意接受教导的运动员，永远无法达到最高境界，也无法将高超的技艺贡献给团队。

在军队里，服从是军人的第一天职，绝对服从只适用于军队。但是，我们从军人的服从是第一天职里面知道，遵守服从的人是效率最高的，否则就可能给他所在的组织带来损失。对于坚决服从这一概念，对一个公司同样重要。我们作为一个员工，如果没有服从观念，就不能在职场中立足。每一位员工都必须服从上司的安排，就如同每一个军人都必须服从上司的指挥一样。大到一个国家、军队，小到一个企业、部门，其成败很大程度上取决于是否彻底贯彻了服从观念。

麦克阿瑟不服从上级指令可是历来有名的。在20世纪20年代末30年代初的经济危机期间，一些退伍军人及其家属到华盛顿请愿，要求政府发给现金津贴。当时任陆军参谋长的麦克阿瑟到示威现场阻拦，在任总统胡佛指示麦克阿瑟不要动用军队对付示威者，麦克阿瑟对总统的指示不予理睬，用军队驱散了示威的人群。

二战结束后，杜鲁门总统尽管对麦克阿瑟印象不佳，但还是委以重任。麦克阿瑟成为日本的绝对统治者，他对日本的政治、经济进行了力度非常大的改革，使日本基本上消除了军国主义、法西斯主义，走上了社会经济迅速发展的道路。但麦克阿瑟在没有经过华盛顿批准的情况下，擅自将驻日美军削减一半。麦克阿瑟的举动实属目中无人，杜鲁门大为恼火。战争结束后，杜鲁门两次邀请麦克阿瑟回国参加庆典，都被麦克阿瑟以"日本形势复杂困难"为由回绝。

1951年4月11日，杜鲁门总统下令撤消了麦克阿瑟的一切职务。最让麦克阿瑟尴尬的是，他是在新闻广播中获悉自己被撤职的。这一消息实在太突然了，没有丝毫思想准备的麦克阿瑟听到后，面部表情一下子呆滞了。他万万没有想到，功勋卓著的他，会被总统在战场上撤消一切职务。

杜鲁门总统在解除麦克阿瑟将军职务时说，他之所以终止麦克阿瑟将军的政治生涯，既不是由于麦克阿瑟将军同他意见不一致，也不是由于麦克阿瑟将军对他本人进行人身攻击，而是由于麦克阿瑟将军不尊重总统的办公厅，这是绝对不能容忍的。麦克阿瑟最后被撤职，就是因为他不服从上级。

可见，任何人都没有理由不服从组织的决定，也许你功勋卓著，也许你才华横溢，但当你成为组织中的一员时，你首先要做的就是服从。否则，你就将失去展示自己才华的舞台。因为，组织需要的不是你一个人的表演，而是全体成员配合默契的大型表演。

服从，在西点人的观念中是一种美德。在西点军校，即使是立场最自由的旁观者，都相信一个观念，那就是"不管叫你做什么都照做不误”，这样的观念就是服从的观念。西点人认为，军人职业必须以服从为第一要义，不会服从，不养成服从的观念，就不能在军队中立足。1945年6月30日，布雷德利将军给巴顿写了一个不同寻常而又合情合理的评语：“他总是乐于并且全力支持上级的计划，而不管他自己对这些计划的看法如何。”西点人认为，服从是自制的一种形式。西点要求每一个学员都去深刻体验身为一个伟大机构的一分子，即使是很小的一分子，具有的重要意义。

每一位员工都必须服从上司的安排，就如同每一个军人都必须服从上级的指挥一样。服从是一种美德。也许，在有些人看来，你的不服从似乎是一种个性的张扬，一种自我魅力的展现，但任何事都有它特定的规则。鲜花注定要有绿叶的衬托才会有它的色彩，个人注定要有组织的依托才会有他的价值。没有服从的意识就没有成功的可能。

■服从为赢

有位以服从为美德的优秀员工在提到服从时这样说："我服从，因为我在服从中能够学到很多的东西，比如老板的决策方法；我服从，因为我在服从中能够增加自己的道德修养，我会站在别人的角度尤其是老板的角度考虑问题。"这样的服从，是一种快乐的服从艺术。

这就是说，如果你能诚恳地、平静地、温和地服从领导的安排，你就会大获全胜。尽管每个人在成长奋斗的过程中都要面临外在条件和环境以及重重困难。这些条件和环境可能不同，甚至相差万里。但是每个人成长面临的困难归根到底却是十分类似。

你不要抱怨自己的成长特别困难，而别人的成长却特别容易，其实区别就在于，你是否服从了公司安排，是否服从了领导的安排，因为上司的主要工作就是发布命令、统筹全局，而员工的责任就是听从指挥。

丽亚从秘书升成老板的助理，一共用了一年的时间。在这期间，在工作中他们成了好搭档。一段时间以来，公司内部开始有人抱怨老板的冷血无情。他总是要求下属的工作尽善尽美，却从不给予他们工作成就上的肯定。作为他的秘书，丽亚觉得有必要缓和一下这种紧张的关系。当某个人漂亮地完成一项任务，她会趁高兴时与老板探讨这件事，当老板向丽亚说出了对执行者的肯定时，她会把他的话传达给那个人。慢慢地，大家对老板的感情发生了变化，越来越多的人认为在这个团队中工作会得到更多价值的体现，而老板的那些经丽亚带到他们那里的话，也更多地激发着他们的斗志。

由于丽亚的秘书工作背景，造就了她比较细腻、温和的处世态度，这在很多方面弥补了老板的缺点。但丽亚始终知道自己的位置，在工作中处处服从老板的命令，维护老板的形象，结果她获得了别人无法企及的职业待遇。

对于老板而言，他们所面对的不仅仅是公司发展前景、财务状况的压力，还必须面对不断涌现的突发问题。他们面对自己的下属不服从时，就会非常地恼火，因为那意味着自己很多前期的计划都是失败的。而优秀的员工能够体谅老板的苦衷，能够与老板配合默契，积极乐观地服从他的每一项决议。

一些员工在工作中可能很难顺畅地抒发对老板不满的消极情绪，往往压抑因恶劣关系所致的怒气，以及失望的心情。但是压抑消极情绪会比直抒胸臆危害更大。当自己不能服从时，要想一想："为什么我不满，让我生气的理由是什么？是我的过错还是老板的责任？"意识到自己的服从是被压抑的时候，不妨先分清究竟是气还是急，是指责问题的对与错还是在着急公司未来的发展，是站在自己的角度还是站在老板的角度。

在下属和领导的关系中，尊重领导、服从命令是第一位的，这是上下级开展工作、保持正常工作的前提，是融洽相处的一种默契，也是领导观察和评价自己下属的一个尺度。因此，下属尊重领导，服从命令，这是一条最重要的职场规则。

有人说老板是你真正意义上的衣食父母。这话夸张了一些，但是受雇于人，为他人工作的人，假如总是与上司的意见相左，他的工作就不可能顺利做好。如果对上司的决策、命令有意见，可以勇敢地提出来。但如果没有得到上司的认同，作为员工的我们应当服从命令。

服从是一种美德，职业人必须服从为第一要义，没有服从观念，就不能在职场中立足。每一位员工都必须服从上司的安排，就如同每一个军人都必须服从上司的指挥一样。大到一个国家、军队，小到一个企业、部门，其成败很大程度上就取决于是否完美地贯彻了服从的观念。

如果一个公司的团队成员都具备了服从观念，那么，这个企业一定是一个高效运作的组织，在这个的公司里，服从观念是深入人心的。所以说，一个优秀的员工也必须有服从意识，因为上司的地位、责任使他有权发号施令。同时上司的权威、整体的利益，不允许部属抗令而行。一个团队，如果下属不能无条件地服从上司的命令，那么在达成共同目标时，则可能产生障碍；反之，则能挥出超级强的执行能力，使团队胜人一筹。

■服从是执行的第一步

服从是有效执行的第一步 。服从，每个人都不陌生，从你一降生到这个世界上，就和这两个字分不开了。小时要服从于父母，上学时要服从于老师，供职于某一单位，更是使我们每个人自觉和不自觉的与他相伴。你要服从你的上级，你的下级要服从你。服从就是无条件的，接到指令你就要在第一时间按指令去执行。其实，服从是一种社会秩序的建立，是一种伦理道德的展现。所以要建构一个有伦理、有秩序的社会，人人都应该养成服从的习惯。那么，一个团队、一个单位何尝不是如此呐！服从依对象不同，可分为三种层次：小人因畏惧而服从；好人因爱护而服从；智人因真理而服从。对于第一种服从，我们不敢恭维。一个人如果懂得服从真理，信仰真理，这个人必定心胸坦荡，必然大有可为，这就是有智能的人。这是我们应该追求更高层次的服从。服从并不是唯唯诺诺，没有见地，像一个没有感情的机器一样，每个人都有自己的见地。如果有不同意见，可以提出自己的建议，一旦组织决定了，就要坚决服从，没有任何借口的去执行，虽然这个决定可能会违背个人的本意。我对服从有这样的认识，服从是使你走向成功的阶梯，人生每一步何尝不是在遵循父母、师长的教诲下成长起来的，所谓的创造性、主观能动性等无不是在服从的基础上而成立，否则，人的惰性就会极大地影响你的潜能，创造性的发挥出来。

企业要实现生产经营目标，每位员工必须具备较强的服从性，只有具备这一点，才能提高执行力，完成公司的生产经营目标。然而，在现实企业中的某些员工，尤其是某些在企业中自认为有些资历的老员工，在工作中对上级安排布置的任务，合心意的就干，不合心意的就不干，你说你的，我做我的，结果使企业失去了发展的基础。

其实，对上司，服从是第一位的。下级服从上级，是上下级开展工作、保持正常工作关系的首要条件，是融洽相处的一种默契，也是上司观察和评价自己下属的一个尺度。

在些公司里，经常碰到一些纪律观念不强、服从意识差的人。他们是上司最感头疼的“刺头”或“蒿草”。这些人或是一无所求，上进心不强，对上司吩咐的工作满不在乎；或是自以为怀才不遇，恃才傲物，无视上司。

从本质上讲，服从是一名员工应尽的义务，也是执行的前提，而执行力却是员工在行动上的保障。毫无疑问，一个高效的企业必须有良好的服从观念，一个优秀的员工也必须有他人意识。因为上司的地位、责任使他有权发号施令，同时上司的权威、整体的利益，不允许部属抗令而行。

“所有学员请注意：5分钟内集合，进行午间操练。请在野战夹克里面套上作战服。”

现在是中午11点55分，天气寒冷。在哈得逊河的一个河湾的上空，北风呼啸。北风空过西点平原，冲击着美国陆军军官学校六层楼的花岗石保垒。

在这座历史悠久的巨大的城堡式建筑内，华盛顿的塑像俯临阅兵场，艾森豪威尔、麦克阿瑟和塞耶的雕像挺立两侧。

“离午间操练的集合时间还有4分钟。”营房里的新生站立着，严阵以待，计算着离规定的餐前集合还有几分钟。在营房的过道，每隔50英尺就有钟，看时间很方便。

学员们迅速涌向营房之间铺着柏油的大操场。一年四季，他们每天都要至少两次集合操练。“站好队！”一声令下，一群松散的人顿时排成整齐的队形——每个方阵是一个排，四个排组成一个边，四个连编成一个营，而两个营编为一个团。“立正！”所有目光立即望向前方。

列队是西点的必须课。可以称之为点名的简单操练：从排长开始一级级向上汇报到队学员的数目。当然，列队的意义远不止于此。学员们200年来天天如此，以此种方式聚在这里。列队暗示了无私是第一位的：个人要服从更大的整体——服从部队。

在西点军校，学不会服从观念，就不能在军队中立足。

1945年6月30日，在准备装入“201档案”的马顿将军工作能力报告时，布雷德利将军给巴顿写了一个不同寻常而又合情合理的评语：“他总是乐于并且全力支持上级的计划，而不管他自己对这些计划的看法如何。”

西点人认为，服从是自制的一种形式。西点要求每一个学员都去深刻体验身为一个伟大机构的一分子——即使是很小的一分子，具有什么样的意义。因为他们认为，西点军校所造就的人才是从事战争的人，这种人要执行作战命令，要带领士兵向设有坚固防御之敌进攻，没有服从就不会有胜利。威廉·拉尼德对此做了非常生动的描述："上司的命令，好似大炮发射出的炮弹，在命令面前你无理可言，必须绝对服从。"

一位西点上效讲得更为精彩："我们不过是枪里的一颗子弹，枪就是美国整个社会，枪的扳机由总统和国会来扣动，是他们发射我们。"

曾有人说，黑格将军所以被尼克松看中，就是因为他的服从精神和严守纪律的品格。需要他发表意见的时候，坦而言之，尽其所能；对上司已做了决定的事情，就坚决服从，努力执行，绝不表现自己的小聪明。

在我们所在的公司里，同样需要这种服从意识。只要我们了这种服从意识，我们就能有系统的对每一项工作进行计划和安排，这正如军队系统的战略方针和执行策略一样那样的起到巨大的作用。毕竟在军队，如果士兵不服从命令安排，胜利就只能存在于理论和想像了。而作为一个员工，对上司工作的每一步安排，都必须服从并认真履行，一项完美的工作正是由这样一环扣一环的执行构成的。

■没有服从就没有团结

服从是组织合作，步调统一的必然要求，没有服从就没有团结。服从是企业发展的第一步，是团结一致的第一步。一个团队如果下属不能无条件地服从上司的命令，那么在达成共同目标时，则可能产生障碍；反之，则能发挥出强的能量，使团队获得最大的业绩。

商场如战场，他人的观念在企业界同样适用。每一位员工都必须服从上级的安排。不能否认任何人都有自己的独立性，服从的人必须暂时放弃个人的独立性，个性服从共性，全心全意去遵循所属机构的价值观做事。在组织活动中，如果每个人都去强调自己的个性，都去凸现自己的与众不同，那么，当一项任务下来时，甲坚持这样做，乙坚持那样做，丙对甲乙双方的意见都不赞同，组织成员之间就这样互不相让，那么，这一项任务该怎么完成？企业该怎么发展？

所以，服从就是要遵照指示做事。在公司中，必须要保持上级指挥下级，下级服从上级的制度。如果不注意这一点，不但会给本人和上司制造麻烦，公司的业务进展也会不顺利。

曾经有一位企业负责人能讲一口流利的英语，在跟外商谈判中，他的位置就显得尤为重要。慢慢的，他有些飘飘然了，对于那个个头比自己矮，学历、水平和能力好像也没有自己高的上司就有些不以为然。

有一次他和自己的上司在跟外商谈业务的Party上，得意地跟外商频频举杯，跟外商海阔天空地闲聊，他的上司频频向他示意要将合同定下来，但他却视而不见，只顾着卖弄自己。结果这个本来可以当时就拍板的合同因为拖的时间太长被别人抢了先机，单子砸了。没几天，他就被以一个无关紧要的理由辞退了。

临走时，他的上司告诫他：纵然再有才华，也要服从组织的安排。他这才知道自己没有找准自己的角色位置，自己充其量是一个有才干的人，却不是一个公司的中流砥柱。

作为一个部门经理，在各种场合都应当以组织为中心，突出组织的地位。如果喧宾夺主，那么整个组织的原则就无法得到贯彻，行动也会落后于别人。任何组织都不会容忍这样的个体存在。因为，一个组织就像一个家庭，家庭成员不团结当然就会有许多人乘虚而入。一个公司内部存在分歧，很快就会有竞争对手知道，那么竞争对手也会乘火打劫。所以，一个团队，首先要在各成员服从一致的基础上统一起来，才能应对市场的残酷竞争。所以，企业在用人时并非只会看重员工的职业技能，许多优秀的职业素养往往是决定员工能否被老板赏识的关键因素。

一个企业，如果纪律贯彻不力，下级就会斗志松懈、纪律松弛，反之，如果纪律严明、赏罚有度，企业的凝聚力、战斗力就会大大提升。一个团结协作、富有战斗力和进取心的团队，必定是一个有纪律的团队。同样，一个积极优秀的员工，也必定是一个具有强烈纪律观念，善于服从的员工。

一位管理者在服从这个问题上说："我每次遇到员工不服从组织调配时，都会采取一种与他人十分不同的处理方法。我的第一个行动是同这个员工商量，采取哪些具体措施以改进工作。我提出建议并规定一个合情合理的期限。这样，也许会获得成功。不过，如果这种努力仍不能奏效，那我必须考虑采取对员工和公司可能都是最好的办法。当我发现一个员工不遵守纪律、工作老出差错时，就决定不要他！因为服从组织决定没商量。"

上司的地位和责任决定了他有权对下属发布命令，在一个团队里，如果下属不能无条件地服从上司的命令，那么在达成共同目标时，就可能困难重重，甚至会直接导致项目的流产。因此，没有服从就没有团结，就没有企业的进步和发展。

第八章　在工作中要敢于担当责任

有一位伟人曾说："人生所有的履历都必须排在勇于负责的精神之后。"责任能够让一个人具有最佳的精神状态，精力旺盛地投入工作，并将自己的潜能发挥到极致。辩证地看，一个对别人负责的人，才是对自己真正负责的人。在责任的内在力量驱使下，我们常常油然而生一种崇高的使命感和归属感。当我们把工作当成一项伟人的事业，用整个生命去实践的时候，人往往更容易激发出绚丽的色彩。

■责任：成就人生的基石

责任是成就人生的基石，是完善自我、成就自我的翅膀。翻阅历史，那些事业有成的人士，无不具有勇于负责的品质。阿尔伯特曾经说过："所有成功者的标志他们对自己所说的和所做的一切负全部责任。"

有一位英国科学家把一盘点燃的蚊香放进了蚁巢里。

开始，巢里的蚂蚁惊慌万状，过了十几分钟后，便有许多蚂蚁纷纷向火中冲去，对着点燃的蚊香，喷射出自己的蚁酸。虽然一只蚂蚁能射出的蚁酸很有限，而导致一些蚁群中的"勇士"葬身火海。但是，它们前仆后继，过了几分钟后，便将火扑灭了。活下来的蚂蚁将战友们的身体移送到附近的一块墓地，盖好了薄土，安葬了。

又过了一段时间，这位科学家又将一支点燃的蜡烛放到了那个蚁巢里细细观察。虽然这一次的"火灾"更大，但是这群蚂蚁已经有了上一次的经验，不到一分外，烛火便被扑灭，而蚂蚁无一殉难，这真是个奇迹。

从蚂蚁扑火的现象中我们可以发现，个休的力量是很有限的，而团队的力量可以实现个人难以达成的目标。

所以说，作为公司里的一名职员，我们要从团队的角度出发，树立起自己对团队工作认真负责的信念。每一个公司都类似于一个大家庭，其中的每一位成员都仅仅是其中的一个分子，只有每一个人都具备了团体工作的精神后，才能对团队的工作认真负责，对自己的人生和事业负责。

在那些得过且过、懈怠懒惰、愚蠢懦弱者的思想里，认为世界上一切好的位置、好的事业都已人满为患，他们无法从中找到自己的位置。的确，失去责任感而懒散成性的人，无论走到哪里，都不会有他们的立足之地，也没有人会需要他们。

在社会各行各业里，都需要那些具备强烈责任感的人，因为他们肯负责任，能独立自主，有主张见地，会努力奋斗。只有失去强烈责任感的人，才会埋怨找不到事做或者怀才不遇。那些具备强烈责任感的人，从不会在别人面前诉苦，也晓得，埋头苦干才是唯一出路。

卡洛·道尼斯最初为杜兰特工作时，职务很低。但是，他在工作之初便注意到，每天下班后，杜兰特先生仍然会留下在办公室里继续工作到很晚。因此，他也决定下班后留在办公室里，虽然没有人要求他这样做，但是，他认为自己应该留下来，在需要时，这杜特先生提供一些帮助。

杜兰特先生经常找文件，打印材料，最初这些工作都是他亲自做的。后来，他发现道尼斯在办公室里，便招呼他过来帮忙，并养成了习惯。

现在，道尼斯已经成为杜兰特先生的左膀右臂，担任其下属一家公司的总经理，他之所以能如此快速地升迁，就在于每天驱策自己多做些工作。也就是说，他在遵从多一盎司定律工作。

盎司是英美制重量单位，一盎司相当于1/16磅。著名的投资专家约翰·坦普尔顿通过大量的观察研究，得出了很重要的原理，即“多一盎司”定律。他指出，取得突出成就的人与取得中等成就的人几乎做了同样的工作，他们所做出的努力差别也很少，只是仅仅“多一盎司”。但是，其最终结果与所取得的成就及成就的实质内容方面，也经常有着巨大的差别。

在商业领域，坦普尔顿把多一盎司定律进一步引申，他逐渐认识到只多那么一点儿，就会得到更好的结果。常常那些在原来的基础上多加一盎司的人，得到的份客远大于一盎司的份额。也就是说，那些更加努力的人将会取得更好的成绩，获得更好的收益。

工作不仅仅是我们为了谋生才做的事，而是为了实现我们个人的生命价值而去做的事，一个人要想让自己的价值达到最大化，就应该在完成自己的本职工作之外，多做一点。

虽然，我们没有义务去做自己职责范围以外的事，得我们可以选择主动驱策自己去自愿多做一点，这对去实现人生的目标会有莫大的帮助。每天，当我们尽职尽责地把自己的本职工作完成后，都应该问一下自己：现在，我还能做什么呢？通过这种自我督促的办法，可以驱使自己比别人多做一点点，日积月累，我们会发现自己的价值会有所提升。

成功并不是一蹴而就的事情，它是一种不断积累的结果。一个人，不论从事何种职业，他要想登上顶峰，就要不断驱策自己在工作中，比别人多做一些事情。

叶灵和江昊是一家大型跨国公司里的两名优秀职员，在对待工作上，都能够尽职尽责。但是，他们两个人的差别就在于，叶灵认为自己尽职尽责地完成了自己岗位上的工作后，便觉得自己的工作已经努力到家了，而江昊则要求自己尽善尽美地完成本职工作之余，再为公司多做一些事。三年后，江昊成为了这家公司的一位部门经理，社交的范围更广泛了，而叶灵只是一名业务主管。

只要我们遵从“多加一盎司定律”工作，以积极主动的态度，驱策自己快速前进，就会使自己从激烈的竞争中脱颖而出。

■责任比生命更重要

“负责任”这个原本应该是每个员工基本道德范畴的问题，却往往被蒙上了“有麻烦”的盖头。于是，该负的责任不负，该做的工作不做，有的人忘记了自己的职责，丢掉了本色。

23岁的文花枝是湖南湘潭新天地旅行社的导游。2005年8月28日下午2时35分许，文花枝所带团队乘坐旅游大巴在陕西延安洛川境内与一辆拉煤的货车相撞。这次交通事故夺走6条生命、还造成14人重伤8人轻伤。当可怕的瞬间过去，坐在前排的文花枝清醒过来时，发现和自己同坐前排的西安本地导游和司机已经罹难。她自己左腿胫骨断裂，骨头外露，腰部以下部位被卡在座位里不能动弹。

营救人员迅速赶来，他们想将坐在前排的文花枝抢救出来，她却平静地说：“我是导游，后面都是我的游客，请你们先救游客。”

车祸中的幸存者、湘潭电化集团的万众一回忆说：“由于汽车碰撞得十分严重，每次救援一个游客都需要很长的时间。在等待救援的时候，文花枝自己忍着痛苦不断给我们鼓气，要我们不要睡过去、要挺住。小文还说，我们一定要坚持，我们一定要活着回去。很奇怪一个弱女子怎么还有那么大的气力给大家喊话。如果不是小文不断鼓劲，自己一口气接不上来可能也就完了。”事实上，文花枝此时被卡在前排，数次昏迷。不断给游客打气的她是最后一个被营救的伤员，当时已是下午4点多了。

由于腿上的伤势严重，左腿9处骨折，右腿大腿骨折，髋骨3处骨折，右胸第4、5、6、7根肋骨骨折，伤口已经严重感染。为了避免伤势进一步恶化，医院专家小组决定立即为她做左大腿截肢手术，一位年轻的姑娘就这样失去了自己的一条腿。主治医生惋惜地说："太可惜了，若早点做清创处理，不耽误宝贵的抢救时间，她这条腿是能够保住的。"

文花枝在遭遇事故的关键时刻，在身受重伤时，她将生的希望留给了游客，把死的威胁留给了自己。以超常的表现，非凡的勇气、敬业的操守和高尚的品德，重塑了导游这一职业群体应有的形象，用自己的行动赢得了人们的敬意。同时，我们从文花枝的"我是导游，后面都是我的游客，请你们先救游客。"这句话上，也体现出了她高度的责任意识：责任比生命更重要。

在现实生活中，总会有一些人在任务出错时，在上级面前说："都是他。"并把手指向某人或者某部门，说是他人把事情弄砸的。这种为了推卸自己的责任，嫁祸他人的做法，是不负责任的行径。

在现代职场上，每一个部门和每个岗位上都有着明确的职责。但是，也总会有一些突发事件或者意外的任务。无法明确地划分到哪个部门或个人，而这些事情往往还都是比较紧急或重要的。

如果你是一名合格的员工，在处理这些事务时，一不小心把事情办砸了，就要勇敢地承担起责任来，千万不要为了推卸自己的责任，而寻找借口，嫁祸他人。这样的话，不但于事无补，还会为自己带来严重的后果。

逊尼是英国一家大型建筑公司的工程部经理。一次，他的上司安排他去处理公司在外地的一桩收尾工程中与当地居民发生的纠纷。本来，这些事务不属于他的职责范围，但是，公司一时找不到合适的人选，总裁看他能言善辩，又极懂周旋，便让他暂把手中的业务交给下属打理，到外地与公司分部的几位负责人共同协调，把这件事情处理妥当。

到了外地后，逊尼因不了解当地民俗民情，在处理事务中，又自恃是总裁派下来的人，不懂得的与几位分部没把事情办好不说，还与当地的民众发生了尖锐的冲突。当总裁责怪他时，他便把责任统统推到分部的几位负责人头上。当总裁对事情进行了一番详细的调查后，了解了事情的全部过程，知道事情出在他头上，便把他责罚一顿，并对他的人品和能力产生了怀疑。

事隔不久，逊尼又因为公司工程上的一些业务，与分部那几位负责人进行工作方面的交接，人家都暗恨他当初嫁祸于人的做法，借机报复他。导致了他业务上失败而不得不辞职，离开了这家极有发展前途的公司。

一名员工或者主管，在接到上司交付的任务时，就要学会与团队合作。在工作的过程中，积极配合、互相协调一致地把工作努力干好，而不是自作聪明，一意孤行，他事情办砸了而为公司带来不良后果。同时，作为一名员工，也应该互相照顾，勇于负责，而不该在事情办砸之后，为了推卸责任而寻找借口，嫁祸于人。

有人曾说，一个优秀的员工应该永远学会为两件事负责：一件是目前所从事的工作另一件则是以前所从事的工作。如果你真正做到了这一点，那么就一定会成功。因为你在以自己的负责的精神为未来做准备。你为现在的工作负责，就能够让自己把手中的工作做得更出色，并在不断学习中超越目前的职位，不断向前攀登。你为以前所从事的工作负责，是为了把工作干得更出色，以你的人品、道德和人格魅力来赢得别人的信任，帮助自己更快捷地实现人生的价值。

当你精熟了某一项工作也千万别陶醉于自己一时的成就，赶快想一想未来，想一想现在所做的事有没有改进的余地？这些都能使自己在未来取得长足的进步。尽管有些问题属于老板考虑的范畴，但如果你考虑了，说明自己正在向着更高的目标迈进。当然，你也不能够为了追求自身的完美，而把以前工作中的失误，嫁祸给别人，这也是一种十分不明智的行为。

小龚现在是一家大型机械制造企业技术部的主管。他刚刚会同属下设计了一项大型机械的零部件。尽管老板和一些专家认为这个零部件设计得很出色，但是，他总感觉这个零部件间似乎还有一些缺陷，所以同个人静静地呆在办公室时细心钻研，而忘了下班的时间早已到了。这时候，公司行政总里有一个与他关系很好的同事推开他办公室的门，邀他出去吃饭。此时，他才放下手中的活，与他一同出了公司的大门。

在半路上，这位同事告诉小龚一件事。

原来，三年多前，小龚还是这家企业车间里的一名装配工，因为工作中的失误，在装配一个电动机组时，没有从长远考虑，而为公司埋下了隐患。今天，这个电动机组发生了大故障，为公司带来了一些损失，总裁勒令查明这次事故的责任人。有人反映，小龚也是这次事故的责任人之一。这位同事建议小龚把责任推到当时他担任装配钳工时的上司头上，毕竟当时他仅仅是一名普通的员工，无权决定一些安装事务。尽管这种做法对自己有益，但是小龚考虑到自己当时他是参与工作者之一，有一定责任，不应该完全把责任推卸给别人。

第二天，小龚亲自上总裁办公室一趟，坦率地承认这次电动机组发生障碍，自己也有一定责任，所以，他甘愿受罚。总裁为他的这种做法而高兴，表扬了他一番，对他的人品也很钦佩，并没有责罚他，只是要求他组织人把那个电动机组再重新安装一次。

不要感慨自己的付出与受到的肯定和获得的报酬不成比例，也不要老觉得自己得不到老板的赏识，更不要一出现事故便推卸责任，嫁祸于人。而是要将企业视为已有，并认真负责地处理好自己每天的工作，并时刻提醒自己："我是在自己的公司里为自己做事。"这样，你才能干好每一项工作，让自己每天取得一定的进步，纵然偶尔发生了事故也会得到别人的谅解。因为你毕竟是在认认真真工作着。你也在以你的负责精神感动着许多的人——同事、朋友、亲人和上司。这样，你便能够在每一个夜晚心安理得地入眠。有一天，你也会得到工作给予自己的最高奖赏。这种奖赏也许今天不能实现，但是，它可能会在明天、下星期或明年兑现，只不过，兑现的方式不一样而已。

所以，作为公司里一名出色的员工，就应该努力地完成上级安排的任务，替上级解决问题，在工作之中，也尽量配合同事的步伐，大家共同协商，努力把工作干好，而不是在工作之中，狂妄自大、自以为是，或者为了推卸责任而寻找借口，嫁祸于人。

英国成功学家格兰特说过这样一句话："如果你有自己系鞋带的能力，你就有上天摘星的机会！所以，我们应该改变自己的行径。把推卸责任、嫁祸于人的时间和精力用到自己的工作之中，勇敢地挑战自己的责任，坦率地承认自己工作中的失误，从失败中寻找规律。这样，才会让自己的工作和事业发生质的飞跃。"

■工作就是一种责任

企业的兴衰，是我们每个员工的责任。人可以不伟大，可以清贫，但不可以没有责任。企业的每一名员工都负载着企业生死存亡、兴衰成败的责任，这种责任是不可推卸的，无论你的职位是高还是低。

责任是每个人的事，无论是初入职场的新人，还是职位卑微的小职员，都应当时刻保持强烈的责任感，为自己的工作承担起责任，绝不能轻率对待自己的工作。一个不负责任，没有责任意识的员工，不仅会在工作中为企业事业损失，而且还会为自己的职业生涯带来损害。一个有责任感的员工，不会因为自己职位卑微而忽视自己的责任，相反，他会时刻关心公司的情况，为公司的发展献计献策。

只要你是企业的一员，你就有责任在任何时候维护企业的利益和形象。一个主管过磅称重的小职员，由于怀疑计量工具的准确性，自己动手修正了它。这位小职员并没有因为计量工具的准确性属于总机械师而不是自己的职责，就不闻不管，听之任之。正是小职员的这种责任心，为公司挽回了巨大的损失。

在一些员工看来，只有那些有权力的人才有责任，而自己只是一名普通员工，没什么责任可言。一旦出现错误，有权力的人理应承担责任。有这样想法的员工，根本没有意识不到自己的责任。

企业是由每一个人组成的，大家有共同的目标和共同的利益，因此，企业里的每一个人都负载着企业生死存亡、兴衰成败的责任。这种责任是不可推卸的，无论你的职位是高还是低。意识到这一点，就是失职。

一个不负责任、没有责任意识的员工，不但不会忧企业之忧、想企业之想，而且有可能给企业带来损失。

一位零售业经理在一家超市视察时，看到自己的一名员工对前来购物的顾客极其冷淡，偶尔还发发脾气，令顾客极为不满，而他自己却不以为然。

这位经理问清缘由之后，对这位员工说："你的责任就是为顾客服务，令顾客满意，并让顾客下次还到我们这里来，但是你的所作所为是在赶走我们的顾客。你这样做，不仅没有担当起自己的责任，而且正在使企业的利益受到损害。你懈怠自己的责任，也就失去了企业对你的信任。一个不把自己当成自己企业一分子的人，就不能让企业把他当成自己的人，你可以走了。"

责任是不分大小的，一丁点儿的不负责，就可以使一个百万富翁很快倾家荡产；而一丁点儿的责任，却可以为一个公司挽回数以千计的损失。一个人能力有大小，见识有高低，但责任心却是平等。有责任感才会严格要求自己，要用"高投入"磨炼自己，用高标准反省自己，追求工作精确性和完美性。对责任内工作，要做到有责任不推卸，有困难不畏缩，有麻烦不回避；对领导交办事不说"不"，对日常工作不说“与我无关”，自觉维护办公室整体形象。

在一家企业里，员工责任感的高低在很大程度上能够决定一个企业的命运。而员工责任感的匮乏，往往会成为一个企业运营不善的直接原因。那些缺乏责任感的员工，不会视企业的利益为自己的利益，也就不会处处为企业着想，这样的员工被解聘只是迟早的事。

在任何时候，责任感对企业都不可或缺。要将责任感根植于内心，让它成为我们脑海中一种强烈的意识。在日常行为和工作中，这种责任意识会让我们表现得更加卓越。

那么，怎样才能在即使是从事最卑贱的工作的时候，也可以散发出耀眼的光芒？那就是要坚持恪尽职守、以高度的责任感去面对所有的工作。毕竟在世界上没有不必承担责任的工作，工作就意味着责任。而且，职位越高、权力越大，肩负的责任就越重。没有责任心的人永远都担不起重任，也就没有什么资格去羡慕别人的权力。在职场中，你永远都不要在责任面前后退。因为，一个人的责任心决定了他在企业中的位置。

世界上最愚蠢的事情就是推卸眼前的责任，认为等到以后准备好了、条件成熟了再去承担才好。在需要你承担重大责任的时候，马上就去承担它，这就是最好的准备。如果不习惯这样去做，即使等到条件成熟了以后，你也不可能承担起重大的责任，你也不可能做好任何事情。

在工作中，不要害怕承担责任，要下决心，你一定可以承担任何正常职业生涯中的责任，你一定可以比前人完成得更出色。

每个人都肩负着责任，每个老板都很清楚自己最需要什么样的员工，哪怕你是一名最普通的员工，只要你担当起了你的责任，你就是老板最需要的员工。因为，只有那些承担责任的人，才有可能被赋予更多的使命，才有资格获得更大的荣誉。一个缺乏责任感的人，首先失去的是社会对自己的基本的认可，其次失去的是别人对自己的信任与尊重。人可以不伟大，可以清贫，但不可以不负责任。要想成为一名优秀的员工，就应该主动去承担责任。

齐瓦勃出生在美国乡村，几乎没有受过什么像样的学校教育。一个偶然的机会，齐瓦勃来到钢铁大王卡内基所属的一个建筑工地打工。从踏进建筑工地的那一天起，齐瓦勃就抱定了要做同事中最优秀的人的决心。当其他人在抱怨活儿累挣钱少而消极怠工的时候，齐瓦勃却很敬业，他独自热火朝天地干着，并在工作当中默默地积累着建筑经验，甚至利用工作之余自学着建筑知识。

一个晚上，工友们都在闲聊，惟独齐瓦勃一个人躲在角落里静静地看书。那天恰巧公司经理到工地检查工作，经理看了看齐瓦勃手中的书，又翻开他的笔记本，什么也没说就走了。

不久，齐瓦勃就被升任为技师，然后又凭着自己的努力一步步升到了总工程师的职位上。25岁那年，齐瓦勃当上了这家建筑公司的总经理。

卡内基的钢铁公司有一个天才的工程师兼合伙人琼斯，在筹建公司最大的布拉德钢铁厂时，他发现了齐瓦勃超人的工作热情和管理才能。当时身为总经理的齐瓦勃，每天都是最早来到建筑工地。当琼斯问齐瓦勃为什么总来这么早的时候，他回答说："只有这样，有什么急事的时候，才不至于被耽搁。"

工厂建好后，琼斯毫不犹豫地提拔齐瓦勃做了自己的副手，主管全厂事务。两年后，琼斯在一次事故中丧生，齐瓦勃便接任了厂长一职。几年后，齐瓦勃被卡内基任命为钢铁公司的董事长。

后来，齐瓦勃终于自己建立了大型的伯利恒钢铁公司，并创下了非凡的业绩，真正完成了从一个普通的打工者到大企业家的成功飞跃。

齐瓦勃认为，对于一个有抱负的职员来说，追求的目标越高，对自己的要求越严，他的能力就会发展得越快。要想把看不见的梦想变成看得见的事实，便要在工作中兢兢业业，把工作当成自己的私事一样干。

所以说，只有当你对工作责任时，你才会得到更多你想要的东西。齐瓦勃的成功是高度负责的成功。他在对工作负责的同时，也对自己负了该负的责任。因此，当工作有了成绩，他的地位也会随之提高。他能做到的，我们也可以做到。而我们没有他的成绩，那是因为我们仍然不够负责，不够优秀。

■推卸责任的人不可靠

世界上最愚蠢的事情就是推卸责任。日常生活中，每个人都难免会出现错误，但是，当问题发生后，有些人为了推卸责任，找出许多借口为自己辩解，并且说得振振有词，头头是道。“他们不采纳我的建议”，“我是按照公司的要求做的”等等，其实，这样做并不能把责任推个一干二净。

二十世纪末，在美国德州瓦柯镇的一个异端宗教的大本营内，发生了邪教徒集体自杀的事件。其中有二十多名儿童被其邪教徒的父母所害。同时，在这次事件中，也有十名正在查案的联邦调查局的探员遭到杀害。因为这次事件，美国司法部部长珍纳·李诺在众议院里，遭到许多议员们的愤怒指责，他们认为她应该为这起惨剧负责。

面对千夫所指，珍纳颤抖地说：“我从没有把孩子的死亡合理化，各位议员，这件事带给我的感受远比你们想像的要强烈得多。的确，那些孩子和探员的死，我都难辞其咎。不过，最重要的是，各位议员，我不愿意加入互相指责的行列。”很明显，她愿意扛起所有责任。

珍纳接受谴责，并一人独扛责任，使众议员们为之折服，大众传媒也深受感动而对她大加赞扬。

另外，因为她一个人担起所有的骂名，没有推卸责任，使本来会给政府带来灾难性后果的指责声音减弱了。一些本来对政府打击邪教政策抱有怀疑态度的民众，也转变观念，开始支持起政府的工作了。

珍纳的举措，只是少部分人的行为。在大多数情况下，许多人都不愿意承担责任，尤其是一些公司里的员工。在工作的过程中，他们假装不知道有责任和任务的存在，当事情中途出现了糟糕的局面后，便推说自己并不知道有关的任务或责任，以此来逃避，或者推卸自己应该承担的责任。

一个员工与其为自己的失职找理由，倒不如大大方方承认自己的失职。上司会因为你能勇于承担责任而不责难你；相反，敷衍塞责，推诿责任，找借口为自己开脱，不但不会得到别人理解，反而会“雪上加霜”，让别人觉得你不但缺乏责任感，而且还缺乏诚意。

其实，人难免有疏忽的时候，没有谁能做到尽善尽美，这是可以理解的。但是，如何看待已经出现的问题，就能看出一个人是否能够勇于承担责任。

约翰和戴维是速递公司的两名职员，他们俩是工作搭档，工作一直很认真，也很卖力。上司对这两名员工很满意，然而一件事却改变了两个人命运。

一次，约翰和戴维负责把一件很贵重的古董送到码头，上司反复叮嘱他们路上要小心，没想到送货车开到半路却坏了。如果不按规定时间送到，他们要被扣掉一部分奖金。

于是，约翰凭着自己的力气大，背起邮件，一路小跑，终于在规定的时间赶到了码头。这时，戴维说："我来背吧，你去叫货主。"他心里暗想，如果客户看到我背着邮件，把这件事告诉老板，说不定会给我加薪呢。他只顾想，当约翰把邮件递给他的时候，一下没接住，邮包掉在了地上，"哗啦"一声，古董碎了。

"你怎么搞的，我没接你就放手。"戴维大喊。

"你明明伸出手了，我递给你，是你没接住。"约翰辩解道。

他们都知道古董打碎了意味着什么，没了工作不说，可能还要背负沉重的债务。果然，老板对他俩进行了十分严厉的批评。

"老板，不是我的错，是约翰不小心弄坏了。"戴维趁着约翰不注意，偷偷来到老板的办公室对老板说。老板平静地说："谢谢你，戴维，我知道了。"

老板把约翰叫到了办公室。约翰把事情的原委告诉了老板。最后说："这件事是我们的失职，我愿意承担责任。另外，戴维的家境不太好，他的责任我愿意承担。我一定会弥补我们所造成的损失。"

约翰和戴维一直等待着处理的结果。一天，老板把他们叫到了办公室，对他们说："公司一直对你俩很器重，想从你们两个当中选择一个人担任客户部经理，没想到出了这样一件事，不过也好，这会让我们更清楚哪一个人是合适的人选。我们决定请约翰担任公司的客户部公理。因为，一个能勇于承担责任的人是值得信任的。戴维，从明天开始你就不用来上班了。"

"老板，为什么？"戴维问。

"其实，古董的主人已经看见了你们俩在递接古董时的动作，他跟我说了他看见的事实。还有，我看见了问题出现后你们两个人的反应。”老板最后说。

任何一个老板都清楚，一个能够勇于承担责任的员工，对于企业有着重要的意义。问题出现后，推诿责任或者找借口，都不能掩饰一个人责任感的匮乏。

因此，工作中承担责任，把它当成一种习惯去培养并固定下来，一旦出现问题，就敢于担当，并设法改善。慌忙推卸责任并置之度外，只会伤害公司和客户的利益，同时，也会伤害到你自己。绝大多数老板都不愿意让那些习惯于推卸责任的员工来做他的得力助手。在老板眼里，习惯于推卸责任的员工，便是一个不可靠的人。

对自己的行为负责，对公司和老板负责，对客户负责，这才是老板最喜欢的员工。也只有这样的员工，才能在公司中有所发展。

负责意味着要扛起它，并且主动去做好。

社会学家戴维斯说：“放弃了自己对社会的责任，就意味着放弃了自身在这个社会中更好的生存机会。”

放弃承担责任，或者蔑视自身的责任，这就等于在可以自由通行的路上自设路障，摔跤绊倒的也只能是自己。

我们从小就被告知要勇于承担自己的责任，因为在这个社会中，我们必须坚守责任。

清醒地意识到自己的责任，并勇敢地扛起它，无论对于自己还是企业，都将问心无愧。

1920年，有个11岁的美国男孩在踢足球时，不小心打碎了邻居家的玻璃。邻居向他索赔125美元，这在当时可是一笔不小的数目，足足可以买125只生蛋的母鸡！闯了大祸的男孩向父亲承认了错误，父亲让他对自己的过失负责。

男孩为难地说："我哪有那么多钱赔人家？"父亲拿出125美元说："这钱可以借给你，但一年后要还我。"从此，男孩开始了艰难的打工生活。经过半年的努力，终于挣够了125美元这一"天文数字"，还给了父亲。

这个男孩就是日后成为美国总统的罗纳德·里根。他在回忆这件事时说，通过自己的劳动来承担过失，使我懂得了什么叫责任。

自己的责任要自己来承担，尤其是通过劳动来补偿，才会有甜美的感觉。

无论你所做的是什么样的工作，只要你认真地勇敢地担负起责任，你所做的就是有价值的，你就会获得尊重和敬意。

事实上，只有那些能够勇于承担责任的人，才有可能被赋予更多的使命，才有资格获得更高的荣誉。

主动承担更多的责任或自动承担责任是成功者必备的素质。大多数情况下，即使你没有被正式告知要对某事负责，你也应该努力做好它。如果你能表现出胜任某项工作的能力，那么责任和报酬就会接踵而来。

聪明的员工，要勇于承担起自己职责范围内的责任，积极地寻找并把握谋求公司利益的机会。也只有这种员工，才是老板值得栽培的人才。

■责任意味着不推诿

美国总统杜鲁门在评价南北战争中的格兰特将军时，曾经这样说到：责任到此，不能再推透。意思就是说："让自己负起责任来，不要把问题丢给别人。"由此可见，负责是一个人不可缺少的精神。

大多数情况下，人们会对那些容易解决的事情负责，而把那些有难度的事情推给别人，这种思维常常会导致我们工作上的失败。

有一个著名的企业家说："职员必须停止把问题推给别人，应该学会运用自己的意志力和责任感，着手行动，处理这些问题，让自己真正承担起自己的责任来。"

在工作和生活中，有些人总是抱着付出更少、得到较多的思想行事。在这种情况下，不负责任的问题就出现了。如果他们能够花点时间，仔细考虑一番，就会了现，人生的因果法则首先排除了不劳而获。因此，我们必须要为自己身上发生的一切负责。

克里·乔尼是一位火车后厢的刹车员，因为他聪明、和善，常常面带微笑而受到乘客们的欢迎。

一天晚上，一场暴风雪不期而至，火车晚点了。克里抱怨着，这场暴风雪不得不使他在寒冷的冬夜里加班。就在他考虑用什么样的方法才能逃掉夜间的加班时，另一个车厢里的列车长和工程师对这场暴风雪警惕起来。

这时，两个车站间，有一列火车发动机的汽缸盖被风吹掉了，不得不临时停车，而另外一辆快速车又不得不拐道，几分钟后要从这一条铁轨上驶来。列车长赶紧跑过来命令他拿着红灯到后面去。克里心里想，后车厢还有一名工程师和助理刹车员在那儿守着，便笑着对列车长说："不用那么急，后面有人在守着，等我拿上外套就去了。"列车长一脸严肃地说："一分钟也不能等，那列火车马上就要来了。"

"好的！"克里微笑着说，列车长听完他的答复后又匆匆忙忙向前部的发动机房跑去了。

但是，克里没有立即就走，他认为后车厢有一位工程师和一名助理刹车员在那替他扛着这件工作，自己又何必冒着严寒和危险，那么快跑到后车厢去。他停下来喝了几口酒，驱了驱寒气，这才吹着口哨，慢悠悠地向后车厢走去。

他刚走到离车厢十来米的地方，才发现工程师和那位助理刹车员根本不在里面，他们已经被列车长调到前面的车厢去处理另一个问题了。他加快速度向前跑去，但是，一切都晚了，在这可怕和时刻，那辆快列的车头，撞到了自己所在的这列火车上，受伤乘客的嘶喊声与蒸气泄漏的嗞嗞声混杂在了一起。

后来，当人们去找克里时，他已经消失了。第二天，人们在一个谷仓里发现了他。此时，他已经疯了，在凭空臆想中叫喊："啊！我本应该！……"

他被送回了家，随后又被关进了精神病院。

回避问题并不能使问题得到解决，相反，还可能因拖延而使问题变得更严重，所以，只有积极面对，勇于行动才是最终的解决之道。

所以说，责任意味着执行。责任不仅仅是一种理念，而是实实在在的执行。

责任意味着认真。“粗心、懒散、草率”是认真的死敌。美国旧金山一位商人给一个萨克拉门托的商人发电报报价：“一万吨大麦，每吨400美元，价格高不高？买不买？”而萨克拉门托的那个商人原意是要说“不。太高”，可是电报里却漏了一个句号，就成了“不太高”。结果这一下就使他损失了上百万美元。

责任意味着从我做起，从现在做起，从小事做起。企业的效益出现暂时的困难，我们每个人是不是想到节约一度电、一张纸、少打一个无关紧要的电话?

员工的责任决定着企业的命运。在一些员工看来，只有那些有权力的人才有责任，而自己只是一名普通员工，没什么责任可言，这种想法是极端错误的。企业是由每一个人组成的，大家有共同的目标和共同的利益，因此，企业里的每一个人都负载着企业生死存亡、兴衰成败的责任。这种责任是不可推卸的，无论你的职位是高还是低。

很多人在公司里都在尽力回避自己分外的事情，其实这是一种思想的误区。是的，做好了本职工作就是完成了你的责任。而多付出就意味着要多承担责任，给自己多一分压力，但我们应该知道，只有有能力的人才能多做事情，才能比别人更多一点付出，这是一种对自我的肯定，是一种对自身价值的确认。

美国西点军校的章程说得好：“责任保证一切”。的确如此，责任保证了信誉，保证了服务、保证了敬业、保证了胜利……正是这一切，也保证了企业的竞争力。

20世纪90年代，我国一个代表团到韩国洽谈商务。代表团车队的先导车由于开得较快，为了等后边的车辆，暂停在了高速公路的临时停车带。不一会儿，一辆”现代”跑车靠了过来。驾车的是一对年轻的韩国夫妇，他们问代表团的同志车辆出了什么问题，是否需要他们帮忙。原来，这对夫妇是现代汽车集团的职员，而代表团的先导车恰好是现代汽车集团生产的。

读完这个故事，你有什么感想？这对韩国夫妇开着跑车，也许是去度假，也许是去参加朋友的派对，显然是在非工作时间，而且上司并不在现场，仅仅因为停靠的车辆是他们公司生产的，就对一个与他们的工作职责并没有直接联系的问题给予必要的关注，表现出来的是一种怎样的责任感？显然，他们已经把与公司有关的任何问题都当成了自己的个人责任！

关注一下自己以及身边的同事，你们是否具有和这对韩国夫妇一样的责任感？还是存在不小的差距？这时你可能会发现，很多人存在这样的思想：我那样做，有什么回报吗？老板不在现场，做了他也看不见，那不是白做吗？还有，那不是浪费我的时间和精力，甚至耽误自己的事情吗？如果一个人被这样的思想束缚，他永远不可能像韩国夫妇那样去负责。

真正的负责是不以个人功利为目的的。在执行一项任务之前，如果你首先想到的是自己的个人利益会得到怎样的回报，就很难保证你的执行不会扭曲和变形，就很难保证如期达到目标。因为一个人的私心杂念难免会影响到工作时的心态。只有摈弃了私心杂念，把整个身心投入到工作中去，才会发挥出全部的能力和智慧，才会尽善尽美地完成任务。其实，聪明的老板不会只看员工表面上的表现，更看重的是员工的业绩。虽然老板不在现场，只要你作出了对公司有益的事情，这些事情迟早会传到老板的耳朵里，老板就会了解并清楚你当时的表现。所以，不要担心老板看不见你的表现，还是想想怎样对工作负责吧。

所以，我们要牢记：责任保证了一个企业的竞争力，在激烈的市场竞争中，任何一家想以竞争取胜的公司都必须设法使每个员工有责任感。没有责任感的员工就无法给顾客提供高质量的服务，就难以生产出高质量的产品。因此，公司就无法在这个竞争激烈的社会立足。

德国是奔驰和宝马的故乡。面对奔驰、宝马，你一定会感受到德国工业品那种特殊的技术美感——从高贵的外观到性能优异的发动机，几乎每一个细节都无可挑剔，其中深深地体现出德国人对完美产品的无限追求。德国货是如此的高品质，以至于在国际上成为“精良”的代名词。

是什么造就了德国人的严谨与认真，并进而在国际上赢得如此高的声誉的呢？

答案是对工作的责任感。德国货之所以精良，是因为德国人不仅仅追求经济效益，而是用一种责任心来看待自己的工作，并把这种责任感完全融入产品的生产过程中。

对于德国人这种严谨、认真的态度，国内某房地产公司的老总曾回忆到：“1987年，一个与我们公司合作的德国公司的工程师，为了拍项目的全景，本来在楼上就可以拍到，但他硬是徒步走了两公里爬到一座山上，连周围的景观都拍得很到位。当时我问他为什么要这么做，他只回答了一句：‘回去董事会成员会向我提问，我要把这整个项目的情况告诉他们才算完成任务，不然就是工作没做到位。’”

这位德国工程师的个人信条就是：“我要做的事情，不会让任何人操心。任何事情，只有做到100%才是合格，99分都是不合格。”

因此，要想把工作做到尽善尽美，就要学会尽职尽责，在决定开展一项工作之前，一定要进行周密的调查论证，广泛征求意见，尽量把可能发生的情况考虑进去，以尽可能避免出现1%的漏洞，直至达到预期的完美效果。

其实，企业绩效是很多老板心头的一件大事，他们也在寻找各种方式和方法来提高企业的绩效。但是，很多老板发现，无论是优秀的管理模式还是先进的管理经验，一旦应用到自己的公司就“不灵”了，工作绩效并没有明显的提高。

这是为什么呢？因为无论是优秀的管理模式还是先进的管理经验，归根结底还需要人来做，如果不能从根本上改变人，所有的努力都将是无意义的，美好的愿望也只是愿望了，而不会转化为实际的效果。

如果一个团队里的成员缺乏责任意识，就不会对可以促进团队发展的一些改变有足够的兴趣和热情，即使领导者认为努力就会有结果。所有计划不能得到根本的执行，自然不会收到很好的效果。

责任与绩效之间的关系应该是正比例的关系。当一方面提高时，另一方也随之提高；反之，当一方面下降时，另一方也随之下降。所以，要提高工作绩效，首先要确保员工的责任感。“责任保证绩效”，著名管理大师德鲁克这么认为。很多的企业管理者也都从这句话里悟出了提高绩效的根本所在。像现代、奔驰、宝马这引起国际知名公司的员工无论处在什么职位，都能把自觉地意识到自己所担负的责任。有了自觉的责任意识之后，才能保证良好的工作绩效。

第九章　工作要积极进取

一个人想要取得成功，首先一定要坚定一个奋斗的方向；其次还要有走向成功的信念；最后尤为关键的一点就是要始终持有通向优秀的进取心。所以，无论你的一生是平淡或是辉煌，无论你是长成大树还是小草，无论你是变得杰出还是平庸，这一切都取决于一个意念，取决于你心中的愿望。你应该相信自己的潜在优势，增强自信心，解除懦弱感。胆小的人真正的敌人是自己。一个进取的人，必须具备勇敢和创造力。

■ 进取是激情和活力的助推器

在西点军人看来，进取是人类智慧的源泉，它就好像高竖在这个世界上的天线，通过它可以不断地接受和了解来自各方面的信息。这是威力最强大的引擎，是决定我们成就的标杆，是生命的活力之源。基于此，西点的教官对他的学员说：有了进取心，我们才可以充分挖掘自己的潜能，实现人生的价值。

那么，什么是进取心呢？美国作家奥里森·马登的《高贵的个性》一书的扉页上印有这样一句话：进取心是完成崇高使命和创造伟大成就的动力，它是一种极大激发人们抗争命运的力量。于一个企业是如此，于一个民族中的每一个个体依然如此，进取心最终会成为一种伟大的激励力量，使我们的人生更加崇高。

拿破仑·希尔说，进取心是一种极为难得的美德，它能驱使一个人在不被吩咐去做什么事之前，就主动去做应该做的事。有专家对“进取心”进行了如下说明：这个世界对一件事情赠与大奖，包括金钱与荣誉，那就是“进取心”。

进取心是生命中的动力，人生价值的自我体现，进取心是一种求知欲望，也有一些好奇心，想进一步获取新的知识，不断充实自己提高自己，以便能更好的体现自身的价值。

进取心可以让人的思维活跃，可以使人知识广泛与渊博，这样的人不管有没有所谓的成功及地位，在周围环境的人群中必将受到尊重，其自身价值就完全可以体现出来。

进取心可让人感情丰富，由于不断更新的知识，会使人容纳更多的东西，视野更为开阔、心胸更为宽敞。人生伴侣双方如都有进取心，更能增进情感，消除了因时间长枯操单调的情景，不断更新生活的题材，有永远说不完的话题，保持良好的沟通，让双方情感不会枯槁，保持永远年轻活跃状态，让生活更加丰富多彩。

进取心可以延长人的生命，促使人有强烈的求知欲，让人想多活几年、多了解世界。就是无法真实的寿命延长，但由于能得到更多的知识，对世间事态更多了解与更明朗，就不会浪费生命，就等于延长了生命。

而西点人则认为进取心就是主动去做应该做的事情。在西点看来，仅次于主动去做应该做的事情的，就是当有人告诉你要怎么做时，立刻去做。更次等的人，只在被人从后面踢时，才会去做他应该做的事，这种人大半辈子都在辛苦工作，却又抱怨运气不佳。最后还有更糟的一种人，这种人根本不会去做他应该做的事，即使有人跑过来向他示范怎么做，并留下来陪他做，他也不会去做。他大部分时间都在失业中，因此，易遭人轻视，除非他有位有钱的老爸。但即使这样，命运之神也会拿着一根大木棍躲在街头拐角处，耐心地等待着他。

在西点军人看来，有了进取心，我们才可以充分挖掘自己的潜能，实现人生的价值，充分享受人生的甘美。我们才能扼住命运的喉咙，把挫折当做音符谱写出人生的激情之歌。我们才能在生命中时刻充满青春的激情和朝气。

永不满足的欲望，蓬勃向上，紧跟时代的朝发展步伐，立志有所作为；坚韧不拔，意志坚定，永不放弃；相信自己，超越自我，专注目标，永创一流。只有这种心态的人才会有强烈的责任感和使命感。

在职场中，高度进取心是用人单位最重视的素质。一家公司人事经理曾说："不管应聘者在校时的成绩多么好，如果缺乏到本公司工作的意愿，那公司肯定是不会要的。公司需要的是那种不畏艰难、不怕失败，能不屈不挠开拓进取的人。"

联想集团董事局主席柳传志在谈到"联想老板心中的好员工"时说：一位好的员工首先在道德方面应该有很高的要求，要有强烈的进取心，并能逐渐地把进取心转化为事业心；进取心是员工为了自身发展，而事业心则是为了民族和集体的发展，在工作中做到"胜不骄，败不馁"。

通用电气公司（GE）是世界500强企业，它的成功首先来自多元化业务、技术创新、复合型多元化人才的成功。GE有20多项主营业务，在全球有30万员工，在156个国家展开经营。这一切都始于雇用好的人才。

关于GE招人的标准，GE喜欢招那些特别聪明并有强烈进取心的人。要特别聪明的人，是因为当决策失误的时候，聪明的人可以适时提醒。要有强烈进取心的人，是因为这种人最想成就一番事业。有强烈进取心的人从小到大都通过成就促进自身成长，不管遇到什么挑战，他们都挺身而出；不管需要做什么，他们都去做，并比人们要求或希望的更好、更快，因为他们有内在的驱动力。

如果GE无法找到太多特别聪明并有强烈进取心的人的话，那他们会降低标准，找那些不是非常聪明但有强烈进取心的人。有强烈进取心的人对公司的发展非常重要，因为他们表现优异，竭尽全力，从来不会满足于刚刚好，不满足于得到95分。GE对那些很聪明但没有事业心的人的使用是很谨慎的，因为这样的人有时不但不能帮助企业创造业绩，反而会影响整个团队的进取精神。对那些不聪明又没有事业心的人，根本不在GE考虑的范围。

其实，任何公司都喜欢那些真想干点事的人。这些人往往能自觉地、积极地进行努力，并能不屈不挠地把思想付诸行动，影响和带动周围的人去工作。

微软全球高级副总裁李开复曾说过："30年前，一个工程师梦寐以求的目标就是进入科技最领先的IBM。那时IBM对人才的定义是一个有专业知识的、埋头苦干的人。斗转星移，发展到今天，人们对人才的看法已逐步发生了变化。现在，很多公司所渴求的人才是积极主动、充满热情、灵活自信的人。"

一些真正想做大事的人往往能自觉地、积极地进行思考，并能把想法付诸行动，影响和带动周围的人去工作。而一个人如果进取心不足，在工作中抱着应付的态度，自然不会提出主动性建议，也不会去开拓工作的新局面。

在招聘时，企业关心的问题是："这个人能为我们企业做什么？”企业所寻找的，是那种有动力和热情、确实能为企业作出贡献的人。

彼得和查理在一家快餐店当服务员。他们的起点一样，可是不久后，彼得得到了老板的嘉奖，并加了薪，而查理却在原地踏步。面对查理的牢骚与不解，老板让他站在一旁，看看彼得是如何工作的。

这时，有一位顾客需要一杯麦乳混合饮料。

彼得微笑着对顾客说：“先生，你愿意在饮料中加入一个还是两个鸡蛋呢？”顾客说：“哦，一个就够了。”

这样快餐店就多卖出一个鸡蛋。在麦乳饮料中加鸡蛋通常是要额外收钱的。

看完彼得的工作后，经理说道：“据我观察，我们大多数服务员是这样提问的：‘先生，你愿意在你的饮料中加一个鸡蛋吗？’而这时顾客的回答通常是：‘哦，不，谢谢。’对于一个能够在工作中积极主动地发现问题、主动地提高工作质量的员工，我没有理由不给他加薪。”

失败者的借口是“我没有机会”。他们将失败的理由归结为遇不到伯乐，没有机遇。而积极进取的人则不会找借口，他们不会等待机会，而会靠自己的努力去创造机会。他们深知唯有自己才能帮自己。

积极主动地去做好每一项工作吧，主动做事能让你超越别人，而且，它还会让你百倍地发挥自身潜力，超越自我。当你做到了这一点，你就会发现，加薪和升迁原来很简单。

■进取心是成功的起点

一个人的心胸有多大，舞台就有多大。进取心和想像力是成功的起点，也是最重要的心理资源。目光高远，时刻想着提高和进步，是成功者最重要的习惯。

迈克尔·戴尔在少年时期就勤奋好学。并且显露出非凡的商业头脑，在十多岁时就曾登过广告，卖过邮票。

高中时，他找到一份为报商征集新订户的工作。用了一个小创意，便赚了18万美元。

大学期间，迈克尔·戴尔看到了卖电脑的商机。于是他按成本价购得经销商的存货，然后在宿舍里加装配件，改进性能。这些经过改良的电脑十分受欢迎。戴尔注意到巨大的市场需求，于是在当地刊登广告，以原价的八五折推出他那些改装过的电脑。不久，许多商业机构、医生诊所和律师事务所都成了他的顾客。

由于戴尔一边上学一边创业，父母一直担心他的学习成绩会受到影响。父亲劝他说："如果你想创业，等你获得学位之后再说吧。"戴尔当时答应了，可是一回到奥斯汀，他就觉得如果听父亲的话，就是在放弃一个一生难遇的机会。"我认为我绝不能错过这个机会。"于是他又开始销售电脑，每月可赚5万多美元。戴尔坦白地告诉父母：“我决定退学，自己开公司。”“你的梦想到底是什么？”父亲问道。“和万国商用机器公司竞争。”戴尔说。“和万国商用机器公司竞争？”父母听了大吃一惊，觉得他太不自量力了。但无论他们怎样劝说，戴尔始终不放弃自己的梦想。终于，他们达成了协议：他可以在暑假试办一家电脑公司，如果办得不成功，到9月就要回学校去读书。

得到父母的允许后，戴尔拿出全部积蓄创办了戴尔电脑公司，当时他才19岁。

他的公司第一个月营业额便达到18万美元，第二个月达到26。5万美元，第一年平均每月售出个人电脑1000台。

积极推行直销、按客户要求装配电脑、提供退货还钱以及对失灵电脑“保证翌日登门修理”的服务举措，为戴尔公司赢得了广阔的市场。大学毕业的时候，迈克尔。戴尔的公司每年营业额已达7000万美元。之后，戴尔停止出售改装电脑，转为自行设计、生产和销售自己的电脑。

目前，戴尔是全球增长最快的计算机公司之一，全球雇员超过80000名。在美国，戴尔是商业用户、政府部门、教育机构和消费者市场名列前茅的主要个人计算机供应商及服务器供应商。假如戴尔不思进取，没有种植梦想的观念，显然他是不可能成为世界富豪的。

进取人生是快乐人生的组成部分。进取，就是把人固有的发展需求尽可能地释放出来，在发展中找到自己的价值以及生存的意义。

唯有进取，你的梦想才不会成为海市蜃楼。

身为伟易达的总经理和网站CEO的罗伟良，其所受的正规学校教育只进行到高中毕业。18岁那年，他就开始了打工生涯。在香港，很多教育程度不高的人都有一个理想，就是做熟一个行业，然后筹点本钱自己创业。可是，罗伟良并不满足于中学毕业的起点，他把自学放到比创业更重要的位置。

打工是很辛苦的，但罗伟良地狱式的自学生涯整整持续了10年。他每天晚上下班后，回家后先睡一个小时，然后就开始读书，一直读到深夜12点，然后睡觉。凌晨4点，他又起床读书，直到早上6点，冲凉上班。整整10年他没有看过电影，没有逛过街。就这样，他读完了大学，读完了英国杜汉大学的MBA，还考取了两个专业资格，一个是英国特许管理会计师，一个是电脑工程师。就这样，他从一个最底层的打工仔，变成了一位有经验、有学历、有专业资格的高级管理人员。10年寒窗结束之后，28岁的罗伟良加盟伟易达，从职位上看，他差不多已跨越了一个打工者需要一生才能企及的高度。而这些，都是他每天不断学习的结果。

进入伟易达高层之后，罗伟良仍然拿出大量时间进行自学。这时的自学，当然不再是为了改善生存环境，而是为了把公司带入更高的境界。目标更高、难度也更大，他竟然同时读着三个博士学位。2001年6月份，他拿到了澳洲大学的管理学博士，另外两个博士学位也接近尾声，一个是华南理式大学生的计算机互联网方面的，另一个是暨南大学的企业战略管理方向。而管理和网络，正是罗伟良现在面临的主要业务内容。

纵观罗伟良的职业生涯你会发现，拥有强烈的进取心，不仅让罗伟良拥有了现在的一切，还激发了他更大的目标和热情。

可见，进取心是每个人成功的人生战略，无论对于精神生活用品追求，对于物质生活的追求，还是对事业成功的追求都是如此。布留索夫说过这样一句话："如果可能，那就走在时代的前面；如果不可能，那就同时代一起前进，但绝不要落在时代的后面。"人的身体之所以能够保持健康活泼，是因为人体内的血液时刻在更新。同样，作为公司的一名员工，只有不断地从学习中吸收新思想，不断地提高自己的思考能力，才能够在工作中获得不断改进的方法。

进取心塑造了一个人的灵魂。我们每个人所能达到的人生高度，无不始于一种内心的状态。当我们渴望有所成就的时候才会冲破限制我们的种种束缚。如果一头牛不想喝水，你无法按下它的头。而一个不想进步的员工，即使拿鞭子抽他，他也不可能有出色的表现。一个没有进取心的人，我们怎么能奢望他付出更多的努力去培养其他的良好习惯呢？

职场中，很多人满足于目前的工作状况，不想学习，也不想向未来挑战，原有的远大理想越来越模糊，只求按时完成工作，不出差错就行了。

微软公司总裁比尔·盖茨说："有些人没有进取心，安于现状，不追求成长，这样的人在公司会变得越来越没有价值。要知道，吃老本是最可怕的事。"

有些人进入到公司后，认为自己有了一个安身立命之所，便有了“船到码头车到站”的感觉，放任自流。然而，现实是残酷的，人生就像逆水行舟，不进则退。职业生活起伏不定，难以捉摸，唯有调动自己的全部才智，才能站稳脚跟，得到公司的承认，真正获得归属感。

不管你目前是从事哪一种工作，每一天你一定要使自己获得一个机会，使你能在平常的工作范围之外，从事一些对其他人有价值的服务。在你自动提供这些服务时，你当然明白，你这样做的目的并不是为了获得金钱上的报酬。你之所以提供这种服务，因为它是你练习、发展及培养更强烈的进取心的一种方式。你必须先拥有这种精神，然后才能在你所选择的终身事业中，成为一名杰出的人物。

成功学大师罗逊说：“如果一个人对自己的现状很满意，他就会停滞不前。人当然不应该对自己的命运感到失望和不满，但人永远不应该满足。”人生好像是爬山一样，你必须有达到山顶的雄心壮士，否则，永远无法爬到顶端。

比尔·盖茨曾给他的员工讲过这样一个故事：

美国康乃尔大学曾做过一个有名的实验。他们把一只青蛙冷不防丢进煮沸的油锅里，这只反应灵敏的青蛙，在千钧一发的生死关头，说是迟那时快，用尽全力，跃出那势必使它葬身的滚烫的油锅，跳到锅外的地面，安然逃生！

隔了半个小时，他们使用同样大小的铁锅，这一回在锅子里面放满4/5的冷水，然后把那只刚刚死里逃生的青蛙放到锅里，这只青蛙在水里来回泅游。接着，实验人员偷偷在锅底下用炭火慢慢烧热。青蛙不知究竟，仍然悠然地在微热的水中享受“温暖”，等到它开始意识到锅中的水温已经熬受不住，必须奋力跳出才能活命时，已是一切为时已晚，它欲跳乏力，全身瘫痪，呆呆躺在水里，葬身在铁锅里面！

比尔·盖茨讲这个故事，目的是警告他的员工，安于现状、满足现有的知识，就会成为“水煮”的青蛙。

职场中，很多人满足于自己目前的工作状况，不想学习，也不想向未来挑战，自己远大理想也越来越模糊，只求按时完成工作，不出差错就行了。时间长了，惰性转变为对未知的惧怕，更不敢轻易接受挑战了。

在日新月异的今天，世界每天都在变，观念在变，环境在变，这种变是量变，以至于让我们觉得今天和昨天没有什么区别，但是量变积累到一定的时候，质的飞跃就来临了，就像煮青蛙的的水一样，水慢慢变热，不知不觉水沸，蛙熟。

安于现状的人，抱着得过且过的心态过日子，好像水不急，鱼不跳一样，他们认为自己肚子里的墨水够多的了，自己学的知识完全可以应付工作。殊不知，世界正在悄悄发生变化，这种不思进取，不接触、追求、学习新事物的人，早晚有被淘汰的一天。

有个医生，开了一家诊所，生意非常好，他很满意自己的医术。然而若干年后，他的生意慚慚地步入没落之途了。为什么呢？因为，他自从医科大学毕业开诊所之后，诊病下药都是用老法子。他对新出来的医疗器械及新的著名药品都不过问，也不花时间去看看最新的医学刊物，诊所的陈设也一直是老样子，没有变过，他开出来的药方都是不易见效的，人家不用了的老药品。人们不愿意在他那里看病了，都跑到他对面的一家年青医生开的诊所去了。那家诊所拥有最新的医疗器械和设备，开出的药方也都是最新发明的新药品，病人走进去看了都很满意。

这个老医生很后悔，他总认为自己是医科大学里出来的高材生，没有人能抢走他的奶酪。等他发现这种情形，后悔已经来不及了，“安于现状”和“不进步”，最终使他从一个成功者走进了失败者的行列。

成功学家拿破仑·希尔说：“天下真不知有多少人一无所成，原因就是他太容易满足了。要使自己上进的第一步，就是绝对不可停留在现有地位。不满足于现状可以帮助你不断获取新的成功。”

不满足现状，不为眼前的成功而沾沾自喜，这就是进取心。只有不满足才能继续奋斗，只有不骄傲才能看清方向。做到了这两点，人生的成功就不难实现。

只要你留意，你就会发现，每一个成功者都有着勇往直前，不满足于现状的进取心。可以说，他们没有人对自己取得的成就沾沾自喜，大多数人都仍在继续努力。

企业里，有些员工没有进取心，安于现状，不追求成长，这样的人在公司里会变得越来越有价值。要知道，吃老本是很可怕的事。

安于现状的人在老板的心中就是没有进取心的人，这种人也许不会出太大的差错，但公司不会需要太多这样的人，公司如果是以增长为目标，那么就需要不断进取、把眼光放在未来的员工身上。

■ 千万别失进取心

进取心使我们向目标不断地努力，它不允许我们懈怠，它让我们永不满足，每当我们达到一个高度，它就召唤我们向更高的境界努力。

如果工作职责需要我们与别人打交道，无论是面对面接触还是信函往来，请务必努力，时时让他人感觉到我们在进步。每一个人都在追求不断的进步，这是人类内心深处的需求。人类内在的无形智慧总是推动我们去追求自我发展，追求自身价值的完美体现。

追求增长和发展同样也是自然界的固有本性，是宇宙万物永恒运动的原动力。人类的一切活动都建立在追求进步和发展的基础之上。我们都喜欢更丰盛的食物、更漂亮的衣服、更舒适的住房、更华贵的物品；我们还喜欢更多的优美、更多的智慧、更多的情趣，如此等等——总之，我们喜欢追求更好的生活。

自然界中所有的生物都在追求持续的发展，这种追求一旦停止，瓦解和死亡就将来临。

人，本能地认识到这一自然规律的存在。因此，人类从未停止过追求更加美好的生活。《圣经》中《马太福音》曾用智者的寓言故事对这种“不断进步”的自然法则做过如此阐述：只有那些追求更多的人才会保住现有的，否则，他连现有的也将被剥夺。这就是我们今天所说的“马太效应”。

对更多财富正常的渴望，既非邪恶，也不应受到谴责。它是人们对于富足生活的向往，是人类共同的美好愿望。

这种愿望发自人类内心深处，是人们天生的本能。所以，你会看到，无论何时何地，那些能够帮助他人实现这种愿望的人，总会受到极大的欢迎。

遵循前文的指导，在以“特定的方式”思考和行动的过程中，我们会持续不断地进步，同时，我们也把进步带给了我们的生意伙伴。我们将成为一个富有创造力的中心，把进步和增长传递到四面八方。

不要怀疑这种做法的效果如何，一定要把这种“不断进步”的印象传递给和我们交往的每一个人，包括男人、妇女和儿童。无论交易是多么的微小，哪怕只是把一根棒棒糖出售给一个孩子，都要让这个孩子感觉到我们是在不断进步与进取的，都要让每一位顾客被我们的信心所感染。

有了进取心，我们才可以充分挖掘自己的潜能，实现人生的价值，充分享受人生的甘美。我们才能扼住命运的喉咙，把挫折当做音符谱写出人生的激情之歌。我们才能像保尔·柯察金那样在死神和病魔面前保持“不因碌碌无为而羞愧，不因虚度年华而悔恨”的从容和自信，在生命中时刻充满青春的激情和朝气。

在北京清华大学的座谈会上，有学生问比尔·盖茨：“你的成功秘诀是什么？”比尔·盖茨回答得非常干脆：“才智+毅力+竞争心+进取心。”在现有的知识经济条件下，唯有不满足于现状，积极进取的人，才能摘到成功的果实。

这个世界变化太快。我们今天有着一份心满意足、得心应手的工作，也许明天一觉醒来却发现那份工作已经不属于你了，可能是有更优秀的人替代了你，可能是你已经没有能力做那份工作了，也可能根本连那个工作岗位都已不存在了。人们在从事今天的工作的同时，还得为明天将要面对的竞争、挑战、淘汰做好准备。只有不满现状，积极进取的人，才能跟得上这个时代。

需要“主动进取”的员工，是老板们的共同心声。具有这种精神的员工，是企业进步不可或缺的支柱。

任何一家企业，任何一个老板都喜欢主动进取，不断学习的员工。

微软招聘时，颇青睐一种“聪明人”。这种“聪明人”，并非在招聘时就已是某一方面的专家，而是一个积极进取的“学习快手”，一个会在短时间内，主动学习更多的有关工作范围知识的人，一个不单纯依赖公司培训，主动提高自身技能的人。

的确，一个人要想在现代的职场中脱颖而出，就必须善于从工作中汲取经验、探索智慧，以及发现有助于自我提升的信息。

一切事物随着岁月的流逝会不断折旧，你的知识、技能也一样会折旧。在风云变幻的职场中，脚步迟缓的人瞬间就会被甩到后面。

美国的麦当娜就是这方面的范例。10年来，处在流行工业最前线的唱片圈每年都有前赴后继的新人，以数百张新专辑的速度抢攻唱片市场，稍不留意就会被远远地抛在后面。麦当娜觉得：“老不是最可怕的，未老已旧才是最悲哀的事。”所以，面对推陈出新的市场，不断学习和创新才能不被抛出轨道，“我是个容易忧虑的人，每天都觉得自己不行了”，这样的忧虑是进步的动力。

这绝非危言耸听，美国职业专家指出，现在职业半衰期越来越短，高薪者若不学习，无需5年就会变成低薪者。就业竞争加剧是知识折旧的重要原因，据统计，25周岁以下的从业人员，职业更新周期是人均一年零四个月。当10个人中只有1个人拥有电脑初级证书时，他的优势是明显的，而当10个人中已有9个人拥有同一种证书时，那么原有的优势便不复存在。未来社会只有两种人：一种是忙得要死的人，另外一种是找不到工作的人。

所以，不懈怠的学习才是百战百胜的利器，唯有坚持学习，主动进取的员工才能成为老板所赏识的员工。只有不断地学习，永远不断地进取才是战无不胜的利器。

知识经济时代，不能满足现有的知识。要充实和提高自己，学管理、学技术、在书本中学，在实践中学，不断更新自己的知识。

求知欲和进取心对一个现代员工尤为重要，它是在这个激烈竞争的社会里立足的基本条件。任何时候，都不要有吃老本、满足于自己现有知识的思想，这种不良思想，会阻碍你在职场成功。一个停滞不前的员工，自然不会为企业和老板所需。只有自我鞭策、自我栽培、主动进取，才能成为企业和老板真正所需的人。

当公司失去了进取心的时候，公司随时将被市场淘汰；当员工失去进取心的时候，也随时可能被淘汰出队伍。

进取心是一种激励我们前进的、最有趣而又最神秘的力量，它存在于我们每个人的生命中，就像我们自我保护的本能一样。正是进取心和意志力——这种永不停息的自我推动力，激励着人们向自己的目标前进。这种内在的推动力从不允许我们“休息”，它总是激励我们为了更好的明天而奋斗。由于人类的成长是无限的，所以我们的进取心和愿望也是无法完全满足的。最终，进取心这种激励力量，会使我们的人生更加丰富。

对于那些职场上努力拼搏、奋斗的人来说，积极主动地学习是最为重要的。

尼尔伍兹是一家大型企业的首席信息官。在成为首席信息官之前，他工作非常卖命，并取得了非常突出的成绩，老板非常赏识他，第一年他就被提拔为策划部经理，第二年又被提拔为信息部经理。

成为信息部经理的尼尔伍兹，拿着丰厚的薪水，开着公司配备的专车，住着公司购买的华宅，生活品质得到了超乎他想象的提升。然而，这时他的工作热情却一落千丈，他把更多的精力放在了享乐上。

当朋友问他现在的生活目标时，他回答说他已经到达自己能够到达的顶点了，没必要再做什么了，应该知足常乐。尼尔伍兹认为公司的总裁是董事长的侄子，自己做总裁已是不可能的，能够做到现在的位置就很满足了。

当尼尔伍兹在信息部经理的位置上坐了差不多一年的时候，看到他仍没有再做出一点值得一提的业绩，朋友善意地提醒他：“应该进一步了，没有业绩是危险的。”而尼尔伍兹竟然说：“我是公司的功臣，没有功劳也有苦劳，老板不会把我怎么样的！”

的确，公司很多工作都离不开尼尔伍兹，但是，他的糟糕表现还是让老板动了换人的念头。终于，在一个清晨，尼尔伍兹驾着车，和往日一样来到公司，优越感十足地迈着方步踱进办公室，第一眼看到的却是一份辞退通知书。

丰厚的薪水没了，车子要还给公司，房子要退还公司。无奈的尼尔伍兹不得不去租一间小得可怜的、条件极差的小套间。

“功臣”还是失业了。尼尔伍兹不思进取而得到的结局是无可厚非的。尼尔伍兹的经历告诉我们，安于现状会有多么惨的结果。无论身处何职，如果你安于现状，都逃不了职位被人抢走，或者“铁饭碗、金饭碗”被自己、被他人打破的可能。

这个故事告诉我们，不思进取必然会遭到淘汰。无论是什么职位，如果你不思进取，让自己打折的话，都逃不了职位被人替代，或者“铁饭碗”、“金饭碗”被打破的命运。

所以，无论是谁，无论身处何地，都不能安于现状，要以进取的态度面对生活。因为有强烈的进取心，才会有不竭动力、驱动力，才会敢想，敢做，敢于追求他人不敢追求的梦想，敢于变“不可能”为“可能”，变“可能”为“现实”。

求知欲和进取心是一个现代员工在这个激烈竞争的社会里立足的基本条件。任何时候都不要有吃老本、满足于现状的思想，这种不良思想会阻碍你在职场上的成功。

■永远保持进取，保持开放心态

如果你想做一个成功的人，你就要永远保持进取，保持开心的状态，就要不断进取。只有进取才能给人带来进步，只有进取才能让人更加自信，只有进取才能让人生的希望看着不再渺茫，只有进取才能得到老板赏识和支持，从而让自己走上新的台阶。

而要进取就必须不断地拼搏奋斗，必须付出常人不愿意付出的辛劳，必须脚步不停、踏踏实实地向前走。

然而现在的很多年轻人，却瞧不起勤勤恳恳工作的人，觉得那样太愚蠢、太无能。他们觉得那是一种过了时的行为，只要有聪明的头脑就够了。

其实，在任何一个公司中，最赚便宜的是两种人，一种人勇于开拓进取，收获是自己的，失败是上司或老板的，更重要的是，这种人把自己的退路留给了老板或上司去照顾。另一种人是有开放心态的人，他们谦虚，他们可以有效接受别人的看法，所以他们的成功比别人快得多，自然收获也大。

一个人为了使别人能够相信，而一直重复诉说一件事情，到最后他自己也会相信这种说法，而且，不管这种说法是真是假，都会产生相同的效果。

因此，你现在可以看得出来，使你自己“谈话进取、思想进取、吃饭进取、睡觉进取以及做事进取”，实际上有着莫大的好处，你将成为一个具有进取心及领导才能的人，因为，这已是一项众人熟知的事实：人们将会迅速、乐意，而且自动地追随一个在行动上表现出进取心的人。

在你所工作的地方，或是你所居住的社区里，你会和其他人有所接触。

你要尽量去引起愿意听你说话的每一个人的兴趣，要他们愿意去发展进取心，你要把这当作是你分内的工作。你用不着去解释你这样做的原因，也用不着去宣布你正在做什么。你只要继续进行，努力去做即可。当然，你自己将会明白，你之所以这样做，是因为这样做可以帮助你，而且对于在你影响之下同样努力的人来说，也是有百利而无一害的。

如果你希望进行一项对你有趣又有益的实验，你不妨从你所认识的人当中，挑选出几个人来，但这些人必须是你已经确实知道他们从未主动做过任何事的人，然后，开始把有关“进取心”的想法向他们灌输。不要只是和他们讨论过一次就算了，只要一有机会，就要和他们讨论一番。

每一次从各种不同的角度来进行讨论。如果你能以一种机敏而且坚强的态度来进行这项实验，那么，你将很快发现，你所进行实验的这些对象将会有所改变。

同时，你还将发现另一个重要的现象：你自己也起了变化。

伯特·郭恩达当上了可口可乐的CEO后告诉员工："我们的竞争对象不是百事可乐，我们需要做的是在市场上提高占有率，要占掉市场剩余的水、茶、咖啡、牛奶及果汁等。当大家想要喝一点什么时，就应该去找可口可乐。可口可乐要将市场份额指标纳入到世界液体饮料市场上来。"为此，可口可乐采取一些新的竞争战略，如在每个街头摆上贩卖机，结果销售量节节上升，再次将百事可乐远远抛在后面。

一位搏击高手参加比赛，自负地以为一定可以夺得冠军，却不料在最后的竞赛上，遇到一个实力相当的对手。双方皆竭尽了全力出招攻击，搏击高手警觉到，自己竟然找不到对方招式中的破绽，而对方的攻击却往往能够突破自己防守中的漏洞。

他愤愤不平地回去找他的师父，在师父面前，一招一式地将对方和他对打的过程再次演练给师父看，并央求师父帮他找出对方招式中的破绽。

师父笑而不语，在地上划了一道线，要他在不擦掉这条线的情况下，设法让这条线变短。

搏击高手苦思不解，最后还是放弃继续思考，请教师父。

师父在原先那条线的旁边，又划了一道更长的线，两者相较之下，原先的那条线看来变得短了许多。

师父开口道："夺得冠军的重点，不在于如何攻击对方的弱点。就像地上的长短线一样，只要你自己变得更强，对方正如原先的那条线一般，也就无形中变得较弱了。如何使自己更强，才是你需要苦练的。"

“人外有人，山外有山”，没有谁可以成为最强，要想常胜，就必须不断努力，攀登新的高峰。事物没有绝对的强，也没有绝对的弱，强者如果停滞不前，别人的努力就会让他成为弱者，弱者如果奋发拼搏，就会比原来的强者更强。不要为地上的一条线所束缚。

孔子曰：“欲得其中必求其上；欲得其上，必求上上”。如果你要求中游，就必须按照上游的要求去做；如果要求上游，就必须要用上上游的标准去努力。每个员工都要精益求精，用高标准要求自己，才能出类拔萃。

我们应该把目标定得高一点，虽然最终可能达不到高的目标，但也能达到比这个目标低一点的目标。比如，你的目标是一百分，并且你能按照一百分的标准去努力，那么，最终就算得不到满分，至少也能得个八九十分吧。

大凡那些在自己所从事的领域有非凡成就的人，都有着远比一般人强烈的对成功的渴望，不断求上、求优、求高，高标准地要求自己，并且付出了常人难以想象的努力，使自己一步一步向目标前进。“欲得其上，必求上上”是一种高瞻远瞩、积极进取的心态，是一种永不停顿的满足。具有积极进取心态的人能承受住各种挫折和困难的考验，不灰心、不气馁，迎着困难上，并笑对困难。“需冻知柳脆，雪寒觉松贞”，中庸、调和从来就不是他们的人生信条。

一个人只有敢于设定更高的目标，才有可能完成自己的使命。戴尔·卡耐基说：“世界上最重要的事，不在于我们身在何处，而在于我们朝着什么方向走。”

电脑行业龙头企业联想的前总裁柳传志常常挂在嘴边的一句话就是："联想要做百年老字号！"将自己的企业办成"百年老字号"并不是每一个企业家都有勇气立下的目标，尤其是在我国科学技术还相对落后的国情下，谁还敢说创百年老字号呢？但柳传志敢。

针对当时不少人对中国计算机产业"红旗到底能打多久"的疑问，柳传志在各种场合都阐述了同一个观点：联想应该是一个长久性的公司。对于联想来说，立长志是第一位的，联想绝不做短跑运动员，绝不会是今年的利润很高，明年就垮掉了。

1995年11月30日，联想惠州板卡基地举行开业典礼。在这个本应欢庆的日子，柳传志结合联想的志向与当时的形势发表了一篇语气颇为沉重的演讲："于我们来说，现在正面临着大兵压境。我们曾经面临过八国联军，现在则变成了十二国联军、三十六国联军，这种感觉之所以如此沉重，是因为我们还来不及壮大自己就必须承受重压。我们现在科技不如人家，奖金不如人家，基础不如人家，人才、奖金、实力统统不如人家。这个仗怎么打？民族工业到底怎样生存，现在我们还没有体会到收获的喜悦，但我们坚信今后会有收获！因为我们心中毕竟有一口气——中华民族要求进取的志气！"

"扛起民族工业这杆旗，将联想办成百年老字号，逐步融入国际竞争"，这就是联想的战略目标，也是柳传志的志向所在。

提到柳传志的志向。就不能不说起联想创业阶段的第一次"年终分红"。

1985年底，联想集团的前身——中科院计算所公司的20多名员工以“卖苦力”的方式赚到了70万人民币和7万美元。按规定，这笔钱中的一部分可以作为“红利”分配给每个员工。根据当时中国人的收入，这笔红利对每个人都是一笔很有诱惑力的收入。

在年终会议上，联想的创业者专门对这笔钱的分配进行了一次讨论。有人主张分掉，有人主张存起来……柳传志始终没有表态，等到大家都发表了意见，柳传志站了起来：

“首先，大家都清楚，这笔钱是大家流血流汗挣来的，对于它的处理一定要慎重。”

“其次，我们办公司的目的是什么？是为了改善一下生活条件吗？”

“还有，我们想不想得到长远发展？我们的‘汉卡’靠什么去开发、推广？”

短短的几句话，拨云见日，把大家的意见归为一致。也正是在这次会议上，柳传志第一次明确提出了把“事情做大”的志向。

诚然，设定目标有一定风险，因为它关乎一个人一生的命运和发展方向，但是如果不设定目标，风险更大。每个人只有敢于设定更高的目标，才有可能完成自己的使命，否则只会使自己走向失败。

远大的志向可以说是每个强者必须具备的素质。现实社会中的很多人都在立志，但是不敢立大志，对自己缺乏足够的自信。其实我们应当深信：志当存高远，要立志就要立大志。俗话说“有志者事竟成”，只要我们有坚定不移的奋斗目标，相信终有一天，我们能够实现它。

现今的社会中不乏志存高远的人才，但同时也有一些人，他们常立志，但不立长志，遇到困难的时候。他们就退缩了，他们不愿付出艰苦的劳动，结果一事无成。这样的人，没有矢志不渝的奋斗目标，没有为社会献身的可贵精神，他们永远也不能对人类作出更多贡献，永远也享受不到经过艰苦奋斗而得到的欢乐

成功者之所以能够取得成功，在很大程度上取决于他们不畏艰难、志存高远的作风。成功的人永远把“生当作人杰，死亦为鬼雄”奉为人生之宗旨。生，有益于当时；死，闻达于后世，这是一个成功者最大的心愿。

你无法以进取的精神和其他人谈话，除非你自己培养出强烈的要这样做的欲望。你运用自我暗示原则而向其他人提出的每一种说法，都会在你自己的潜意识中留下极为深刻的印象，不管你说的是真还是假，都是如此。

置身职场，我们更应该培养一种积极进取的心态，以更高的目标要求自己，不要只是阻遏着阻力最小的方向行事，只会“和老鼠比较”，那样只会使你成为大多数的普通人，而不是第一流的人物。不论从事什么职业，你都要明白：使你成功或失败的不是某种职业，而是你对自己以及职业的态度。只有向更高更远的目标看齐，只有追求卓越，你才能优秀。

■永葆进取心

一个人在工作上的进取心，取决于他的职业目标。强烈追求提高自身价值，不断充实自己，吸收新的知识，与时代俱进，尽量保持不让时代淘汰，而不断创新体现在社会中自身的价值，不断地提升进取心。进取心是使个体具有目标指向性和适度活力的内部能源，认真而持久的工作是个体事业成功的前提，而具有进取特质的个体也就具有了职业成功的心理基石。责任心强的人常能够审时度势选择适度的目标，并持久地、自信地追求这个目标，责任心强的人事业容易成功。进取心是成功者的发动机，是你成功的阶梯和要素，是搭建在平凡和杰出之间的一座桥梁，是能够获得打开成功之门的密匙。培养锻炼出进取性的品格，搭上通向辉煌之路的天梯，实现自己的价值。

拥有进取心，你才能成为一名杰出人物。

积极进取，会使你受益匪浅。

"领导才能"是获得成功的基本条件，而"进取心"则是建立"领导才能"这个基本条件的基础。两者的关系就有如轮辐与车轴。

如果你想成为一个具备进取心的人，你必须克服拖延的习惯，把它从你的个性中除掉。这种把你应该在上星期、去年甚至于十几年前就要做的事情拖到明天去做的习惯，正在啃噬你意志中的重要部分，除非你革除了这个坏习惯，否则你将难以取得任何成就。

他们不喜欢遵守时间，常常迟到、早退，他们不喜欢有规律的生活，娱乐时通宵达旦，工作是哈欠连天。他们在大事做不了，小事又不屑于去做，处于眼高手低的状况，却不肯虚心学习、踏踏实实工作。

他们对待上司像狐狸见到猎人，或是耍花招欺骗，或是夹着尾巴偷偷溜走。他们对待工作，像鸡啄米，来来回回的，东一下西一下，散漫无序。

这样的人，眼光往往倒是很高，眼里总是盯着经理、主管甚至老总的位子，然而，没有踏实的态度和勤奋的行动，又怎么可能取得成绩呢？没有说服别人的成绩，却想做领导，那不是异想天开吗？

一年前，杰克来到东芝公司上班。他为人随和，与同事们的关系都很好，上司也很喜欢他。可是，前不久杰克接到了公司辞退他的公文。原来一个月前，上司要到美国办事，且要在一个国际性的商务会议上发表演说。他身边的几名要员忙得头晕眼花，杰克负责演讲稿的草拟，另外两人负责拟订一份与美国公司的谈判方案和后勤工作。

在该上司出国的那天早晨，各部门主管也来送行，有人问杰克：“你负责的文件打好了没有？”杰克睡眼惺忪地说：“今天早上只有4个小时的睡眠，我熬不住就睡了。反正我负责的文件是以英文撰写的，老板看不懂英文，在飞机上不可能复读一遍。待他上飞机后，我回公司去把文件打好，再用电讯传过去就可以了。”

谁知转眼间上司来了，第一件事就问杰克：“你负责预备的那份文件和数据呢？”杰克按他的想法回答了上司。上司闻言，脸色大变："怎么会这样？我已计划好利用在飞机上的时间，与同行的外籍顾问研究一下报告和数据，别白白浪费坐飞机的时间！"

天！杰克的脸色一片惨白。

到了美国后，上司与要员一同讨论了另一个负责人拟订的谈判方案，整个方案既全面又有针对性，既包括了对方的背景调查，也包括了谈判中可能发生的问题和应对的策略，还包括如何选择谈判地点等很多细节。这份方案大大超出了上司和众人的期望，谁都没见到过这么完备而又有针对性的方案。后来的谈判虽然很艰苦，但因为对各项问题都已有细致的准备，所以他们最终赢得了谈判。

上司回到国内后，写谈判方案的人得到了重用，而杰克只好走人了。优秀的员工都会谨记工作期限而绝不拖延，并清楚地明白，在所有老板的心目中，最理想的完成任务的方式是：不要让今天的事过夜，今天的事今天完成。

如何在宝贵的有限时间内，争取最大的成功，这是每个人都梦想的事情，然而大多数人都做不到一件简单却难以坚持的事：绝不拖延。

很多人都有过这样的经历：

领导让这周完成的任务我们拖到下周；

迟迟不给需要约见的客户打预约电话；

刚准备好了材料去打印却发现没有打印纸，而实际上你在半天前就发现了这个问题；

太多的事情忙得我们晕头转向，实在抽不出时间来处理这样的小问题。可是一天下来繁忙并没有让你觉得有成就感，你反而觉得自己什么收获也没有。你总是在为自己的拖延找理由：今天堵车了，我实在太忙了……

很多人倾向于把拖延看成是一种现代病，可事实上，拖延植根于人的天性，可以说是“古已有之”，比如说富兰克林就曾经因为自己的拖延而深感惭愧，并决定把“今日事今日毕”作为自己的行为准则。

人们之所以会认为拖延是现代病，主要原因就在于这种行为只是在现代才引起人们的重视。和几百年前相比，现代人的生活节奏要快得多，而且随着各种沟通方式的出现，人们每天都要接触到大量信息，这一方面会丰富人们的生活，给我们带来很多新的机会；另一方面，也会给我们的工作带来很多新的困扰，比如说大量的信息流很容易造成一定的信息混乱，并因此而导致信息的流失、行动的拖延以及沟通的错位。

具体来说，在现代工作环境下，克服拖延的习惯，可以使用下列方法：

1、每天从事一件明确的工作，而且不必等待别人的指示就要能够主动去完成。

2、到处去寻找，每天至少要找出一件对其他人有价值的事情来做，而且不要期望一定要获得报酬。

3、每天要把养成这种主动工作习惯的价值告诉别人，至少也要告诉一个人。

■ 进取需要挑战自己的能力

西点曾经向年轻的新学员提出挑战："你们具备少数令人骄傲的军官所具有的素质和能力吗？"在西点不存在平级调动。他们要么晋升要么出局，留下来的全都是成功的、积极进取的学员。他们尽自己最大努力争取优异的表现。

然而在公司中，员工的职业道路通常不是垂直的，而更像是一个家谱，其枝干横向生长，以致公司里会出现一些匆忙设置并且根本解释不清的职位。在许多公司里，集体晋升是没有意义的，但事实上，情况有时恰恰相反。管理者们自豪地指着一位在同一张办公桌上工作了20年的员工，好像他们就是公司良好工作环境的有力证明。尽管老资格确实是一件好事，但是员工会在公司工作多长时间是一种追求，而不是一种裁决。

公司蓬勃发展，要求员工跟上其发展步伐。受到公司的鼓励和要求他们不断进步的员工，或者是想在现在的工作岗位上承担更多职责的员工，他们是公司政策的受益者。如果将来他被要求下岗，他将会胜任许多工作，而不会大声喊叫："我不知道我还能做什么别的事情？"

要求员工不断地自我提高不是残酷无情的，雇佣合同也不是无条件的，雇佣双方有许多的约定。解雇那些不能紧跟公司发展的员工也不是残酷无情的。经济生活本身就鼓励适者生存，让公司成为躲避市场竞争的庇护伞是非常荒唐的，它简直是自杀。如果公司试图变成员工的家，那它就不可能生存下去。就像西点一样，公司必须创建一个残酷而又公平的环境。所有的员工都要提高专业技能，否则，就请到别的地方去停滞不前吧！

在西点看来，积极进取的激情不仅是战胜外在困难的动力，也是自我完善的动力。一个企业员工要做好自己的工作，并在飞速发展的技术更新和职业竞争中立于不败之地，他就要不断地自我充电，自我更新。

有这样一个寓言。有一天，龙虾与寄居蟹在深海中相遇，寄居蟹看见龙虾正把自己的硬壳脱掉，露出娇嫩的身躯。寄居蟹非常紧张地说："龙虾，你怎么可以把唯一能够保护自己身躯的硬壳也放弃呢？难道你不怕有大鱼一口把你吃掉吗？以你现在的情况来看，连急流也会把你冲向岩石，到时你不死才怪呢？"

龙虾气定神闲地回答："谢谢你的关心，但是你不了解，我们龙虾每次成长，都必须先脱掉旧壳，才能生长出更坚固的外壳，现在面对的危险，只是为了将来发展得更好而作出的准备。"

寄居蟹细心思量，自己整天只找可以避居的地方，而没有想过如何令自己成长得更强壮，整天只活在别人的护荫之下，难怪永远都限制了自己的发展。

显然，我们不能像寄居蟹那样，只安于现状，而看不到潜在的危机。还有一个寓言，对我们也很有启发。一只野狼卧在草上勤奋地磨牙，狐狸看到了，就对它说："天气这么好，大家在休息娱乐，你也加入我们的队伍吧！"

野狼没有说话，继续磨牙，把它的牙齿磨得又尖又利。狐狸奇怪地问道："森林这么静，猎人和猎狗已经回家了，老虎也不在近处徘徊，又没有任何危险，你何必那么用劲磨牙呢？"

野狼停下来回答说："我磨牙并不是为了娱乐，你想想，如果有一天我被猎人或老虎追逐，到那时，我想磨牙也来不及了。平时我把牙磨好，到那时就可以保护自己了。"

军人们经常说："平时多流汗，战时少流血。"讲的也是这个道理。这个简单的道理好像我们人人都明白，但真正要做到是不容易的。在我们的职业生涯中，我们经常面临竞争的压力和被淘汰的危险，个人如此，公司也一样，因此，只有不断地强化自己，才有一个安全并持续上升的未来。

我们都知道诺基亚是世界上最大的手机生产商之一，但我们不一定知道这个公司是如何起家并发展起来的。一个世纪前弗雷德里克·伊德斯特伦创建的诺基亚是一个小型造纸厂。开始几年，公司的处境很艰难，经过几十年的发展在20世纪中期出现过短暂的辉煌。到20世纪中期，公司产品主要分四个部分：木材、橡胶、缆线和电子产品。在接下来的20年里，诺基亚度过了一段困难时期。这个有百年历史的公司臃肿庞大、连连亏损，公司管理层明白公司亟待改善。

为扭转利润下滑，一个在诺基亚只有五年经历的年轻行政人员接管了不赢利的手机分部，这个人就是乔纳·奥利拉。由于工作很有成效，很快他就被任命为诺基亚总裁和首席执行官。这之后，乔纳·奥利拉对诺基亚进行了全面改造，除了全力发展最有潜力的核心领域外，乔纳·奥利拉将大量的精力放在了公司的人力资源培训上。奥利拉说："今天公司的主要挑战是如何自我更新。我们必须依靠我们人力资源上的优势，而要保持我们人力资源上的优势，就必须不断充实自我，使每个诺基亚人都有发展自己的机会，有改善工作的机会。"奥利拉本人虽已获得三个硕士学位——政治学、经济学、机械工程，但他还是坚持以身作则地"学习、学习、再学习"。

奥利拉经常用这样一个故事来教育他的员工。在美国东部一所大学期终考试的最后一天，一群工程学高年级的学生将完成他们最后的测验，主考的教授说他们可以带书和笔记，但不能在测验的时候交头接耳。他们兴高采烈地冲进教室。教授把试卷分发下去。当学生们注意到只有五道评论类型的问题时，脸上的笑容更加扩大了。

三个小时过去了，教授开始收试卷。学生们看起来不再那么自信了，他们的脸上出现了焦虑。没有一个人说话，教授手里拿着试卷，面对着整个班级。他俯视着眼前那一张张焦急的面孔，然后问道："完成五道题目的有多少人？"没有一只手举起来。

"完成四道题的有多少？"仍然没有人举手。

"三道题？两道题？"学生们开始有些不安，在座位上扭来扭去。

"一道题呢？当然有人完成一道题的。"但是整个教室仍然很沉默。

教授放下试卷，"这正是我期望得到的结果。"他说："我只想给你们留下一个深刻的印象，即使你们已经完成了四年的工程学习，关于这项科目仍然有很多东西你们还不知道。这些你们不能回答的问题是与每天的普通生活实践相联系的。”然后他微笑着补充道，“你们都会通过这个课程，但是记住——即使你们现在已是大学毕业生了，你们的教育仍然还只是刚刚开始。”

随着科技的日新月异，整个社会的发展异常迅猛，毫不夸张地说，也许你睡一觉起来就已经落伍了。公司中的每个员工都不要让自己的思维停滞——更不要说是倒退——这本身就是一种倒退。公司需要的是能够与时俱进的学习型、发展型员工，激烈的竞争决定了它不会养着吃闲饭的人。公司的整体素质体现在每一个员工的素质上。如果你想生存，你就必须进步，具有进取心的员工才是最有发展前途的人。

一个人要想取得成功，首先一定要坚定一个奋斗的方向。其次还要有走向成功的信念，最后尤其关键的一点就是要始终持有通向优秀道路的进取心。

如果你还不明确自己的方向，那么你就会谨小慎微，裹足不前；如果你还没有树立自己走上成功的信念，那么你就像没有船票的船舶；如果你正在寻找自己通往优秀的道路，但是你还没有准备充分，随时都有遇到困难就放弃的打算，也没有一颗坚定、毫不畏惧的心，那么就如同打井挖金人，只需再努力一点点，黄灿灿的金子马上就要出来了，而此时的你却放下了器械，另寻他处。所以，进取心对于每一个渴望成功的人来说是非常重要的，没有进取，你将永远收获不到鲜花与掌声。

唐恩自认为是当音乐家的料。可是在初中时他演奏手鼓并不怎么高明，唱歌又五音不全，实在让人不敢恭维。但唐恩坚定地对家人和朋友说，自己一定要成为一名显赫的大歌唱家。为了实现当歌唱家兼作曲家的理想，他不顾家人反对，孤身一人去了“乡村音乐之都”——纳什维尔。

唐恩到那儿后，拿出有限的积蓄买了一辆旧汽车，既做交通工具又用来睡觉。他特意找到一份上夜班的工作，以便白天有时间光顾唱片公司。在这期间，他学会了弹吉他。好多年时间，他一直在坚持写歌练唱，叩击成功之门。

由于唐恩的专心致志，全力以赴，不到六年的时候，他的梦想终于实现了，并且成为了一个成功的歌唱家兼作曲家。

从唐恩成功的例子中，我们不难看出：只要你不畏惧失败，并且时刻都有进取之心，那么成功就一定属于你。成功不过是一次次的跌倒再一次次的爬起，在这多次的反复中站起来。

只有那些不断进取，不断努力的强者才能够取得不断的成功。

当一个目标达到后，许多人便松懈下来了，不再有新的目标，也不再继续前进，使好多成功的梦想可能也就止步于此。也正因为如此，也许今年排名第一的销售代理，很能成为明日黄花。

所以，为了不让更大更多的希望落空，我们应当在完成一个制定目标以后，继续制定出一个又一个新的目标，并且为之不断地努力，进取，向新的高度攀登。

第十章　在工作中要敢于付出

约翰·马克斯说："奉献与发展的法则是成功和美好生活的基础。" 一个人如果认真考虑他所担负的责任，那么，可以令人信服地说，他会立即采取行动。一个人在采取行动之前，如果总是要问自己："人们会对此说些什么呢？"那么他会一事无成。

■ 要做到对社会奉献

耶酥说："你们要给人，就必有给你们的。并且用十足的升斗连摇带按，上尖下流地倒在你们怀里。因为，你们用什么量器给人，也必用什么量器给你们。"这句话讲出了一条生活与工作上的重要法则：许多著名的成功人士，也都深深懂得这个道理。

时下有很多员工听到为公司奉献自己，无不立刻脸上挂起嘲笑，甚至有人会在心里默念两个字——傻瓜。在这个越来越讲实际的年代，有很多人都是盯着眼前的即得利益，却忽略了精神上的追求，其实，这种想法是步入了思想的误区。这些人忽略了奉献的精神会转化为更多的物质利益回馈于自己。

约翰·马克斯曾说："奉献与发展的法则是成功和美好生活的基础。"

露丝·斯塔福德·皮尔对奉献做了这样的定义："奉献是以你拥有的东西，无论是时间还是资源，去为他人的利益服务。这种给予是人类特有的，最可靠的，它是以精神为动力的。"皮尔女士提示了人们一个最简单的道理：奉献精神是人之所以为人的根本。

倘若你为公司奉献出你的注意、你的兴趣、你的爱、你的想象力及创造力，那么，你便能够化不利条件为有利条件。"少种的少收，多种的多收。”纵览各国的典籍及俗语，我们得到了一个在奉献与发展中的共同点，事实上，成功之路有一条基本的法则就是：奉献，然后才能更好。只有播种，然后才会有收获。

当你乐于奉献自己时，你的生命和工作就有了特别的意义，一个人如果心情愉快，仿佛在答谢他人的奉献，一个人要是随时准备奉献，那他就会比只为糊口而工作的人有更多的机会。

有位同仁曾这样感慨道：“现在，同事之间的关系，仿佛是刺胃，不敢走得太近，太近了，就互相扎；太远了，又感觉很陌生。”当即就有几个人附和着说：“同事关系难处，新同事关系更难相处”等等。我似乎也觉得有几分道理。

但细细品味，其实不然，老同事关系也好，新同事关系也罢，都是人与之间的关系，而人与人相处，只要你懂得互相欣赏这个道理，就等于掌握了一把金钥匙，就可以打开他人紧锁的心扉。

我相信每一种权利都包含一种责任，每一个机会都包含一个义务，每一次拥有也都包含一份奉献。比如在华为，任正非就强调：干部要有敬业精神、献身精神、责任心和使命感。区别一个干部是不是一个好干部，是不是忠臣，标准有四个：第一，你有没有敬业精神，对工作是否认真，改进了，还能改进吗？还能再改进吗？这就是你的工作敬业精神。第二，你有没有献身精神，不要斤斤计较，我们的价值评价体系不可能做到绝对公平。如果用曹冲称象的方法来对任职资格进行评价的话，那肯定是公平的。但如果用精密天平来评价，那肯定公平不了。我们要想做到绝对公平是不可能的。我认为献身精神是考核干部的一个很重要因素。一个干部如果过于斤斤计较，这个干部绝对做不好，你手下有很多兵，你自私、斤斤计较，你的手下能和你合作很好吗？没有献身精神的人不要做干部，做干部的一定要有献身精神。第三点和第四点，就是要有责任心和使命感。我们的员工是不是都有责任心和使命感？如果没有责任心和使命感，为什么还想要当干部。如果你觉得还是你有一点责任心和使命感，赶快改进，否则最终还是要把你免下去的。

所以，无论我们身处何职何地，只要我们知道我们的努力只有起点，没有终点。既是目标，也是要求。认真思考每一项，认真实践每一项，优秀就不再遥远。绝大多数成功者都是从职员开始，然后是优秀职员，然后是晋升，最终成为卓越的领导者。守得云开见月明，优秀就是这样炼成的。

■没有奉献，难言更好

当我们向公司奉献我们自己的时候，我们的生活会发生很大的变化。当我们仅仅去做分配、委托给我们的工作时，命运也许会将我们生活中仅有的那一点儿份额收走。而一旦我们选择了去运用生命给予我们的一切，那么，生活就会以种种奇妙的方式回报我们：友谊、家庭、财源等等。公司乃至社会都不会拒绝一个热忱、真心奉献自己的人。

有一则寓言很有意味，也让我感触良多。

在古老的欧洲，有一个人在死后，发现自己来到一个美妙而又能享受一切的地方。他刚踏进那片乐土，就有个看似侍者模样的人走过来问他："先生，您有什么需要吗？在这城里您可以拥有一切您希望得到的。所有的美味佳肴，所有可能的娱乐以及各式各样的消遣，其中不乏妙龄美女，您都可以尽情享用。"

这个人听了以后，感到有些惊奇，他暗自窃喜：这不正是我在人世间的梦想嘛！一整天他都在品尝所有的佳肴美食，同时尽享一切美好。然而，有一天，他却对这一切感到索然乏味了，于是他就对侍者说："我对这一切感到厌烦，我需要做一些事情。你可以给我找一份工作做吗？这些不经付出的索取简直索然无味。"

他没想到，他所得到的回答却是摇头："很抱歉，我的先生，这是我们这里惟一不能为您做的。我们没有工作可以给您。"

这个人非常沮丧，愤怒地挥动着手说："这真是太讨厌了！那我干脆就留在地狱好了！"

"您认为，您在什么地方呢？"侍者温和地说。

这则很富幽默感的寓言，似乎告诉我：奉献就是一种快乐，失去工作就等于失去快乐，但是令人遗憾的是很少有人能体会到这一点。

事实上，奉献是一个创造性的过程，它能使我们的能量得到释放。每当我们"当他人作出奉献"时，我们的生活就往往具有更大的意义，并且在我们的工作中得到更大的愉悦。当然，我们奉献的结果，会让我们有更美好的未来。

IDG董事长麦戈有一个颇有影响的"人生三阶段论"：第一个阶段，做一件自己觉得自豪的事情，这是工作。第二个阶段，做一件有趣的事情，这是生活。第三阶段，做一件对别人有意义的事情，这就是慈善。

通用汽车不会破产，但令处于困境中的CEO瓦格纳感到沮丧的是，通用公司的技术领先能力及慈善行为，未能得到人们的普遍赞誉。他抱怨说，通用汽车往往"谦逊地站在暗处"，而其他公司则常常投入1亿美元的资金大肆宣传一笔1000万美元的捐献。

瓦格纳先生其实不必以小人之心度君子之腹，他不妨可以向上看齐。美国总统罗斯福其实行新政时，负责国防顾问委员会的利昂·亨德森非常忙碌，"有个形影不离的伙伴——没有其他语言可以形容他生命中这个生机勃勃的伙伴，这就是公众利益，他每天从早到晚，总是不停地忙于应付他这个麻烦伙伴的各种需要。”

对于中国的富豪及公司管理者来说，他们更多是“高傲地站在暗外”，吝啬于主动参于慈善事业，比之欧美企业家，在回报社会方面委实让人汗颜。他们之所以热衷于排进福布斯富豪榜或慈善榜的名次，那是因为喜欢曝光和虚荣。他们相信数字并不能完全体现爱心，却整天忙于苟营赚钱而忽略了公众利益这个“形影不离的伙伴”。中国自古以来就有乐善好施的传统美德，为富不仁者历来被社会不齿，但如今社会上普遍的“仇富论”却并不是空穴来风。

“能力越大，责任就越大。”电影《功夫》和《蜘蛛侠》都用了这句台词。在现实中，也许只有一件事情比创造一大笔财富更难，那就是捐献一大笔财富。也就是说，发了财之后干些什么？值得提倡和鼓励的财富和幸福观是什么？

一个企业家则直截了当地说，人有钱了要做三件事，首先，别总想着避税，国家已经给了你机会，现在要回报给它；第二，不要宠坏家庭，你创造的财产不应当成为亲人们痛苦的根源；第三，不要自私。把你的大部分财富捐给慈善事业，为自己购买无尽的快乐！

相信大家都有这样的体会，同事之间相处久了，难免会发现同事有这样或那样的缺点和不足。金无足赤，人无完人，这本是很正常的，但一些人偏偏抓住别人的短处，不及其余。把人贬得一无是处，甚至在同事面前说短话，专揭伤疤，弄得同事很难堪，你这样与同事相处，怎么能处好关系？

拿人心比自心，试想，如果自己的某些缺点和不足，甚至是个人隐私也被同事或者其他别有用心的人拿去在在大庭广众之下宣传，你的心里会是什么滋味呢?

如果能彼此宽容、原谅，这不又是一种感情互换吗?

宽容是最美丽的真诚，同事间很需要这种品质。

对待同事的成绩和优点要表示欣赏，至少要表示认同。因为人都有被尊重的心里。投之以李，报之以桃，你的同事也自然会以一份美意回敬你，这样，会迅速缩短同事间的距离。甚至消除一些隔膜。这也就是前文所说的互换。

漫漫人生路，谁都免不了遇到不幸，或者困难。因为你是他朝夕相处的同事，自然会有机会了解到，此时同事所需要的是“雪中送炭”。如果你有能力你就全力以赴，如果你爱莫能助，真诚地安慰一番，表示深切的同情，也是非常有必要的。

人，都是有良心的，如果将来自己有了困难及其他不如意，同事们一样会如此待你，说到底，这又是一种感情互换。

还有，“每日三省吾身。”时常反省一下自己是否做了不利于同事团结的事，说了有凝于同事和睦或容易引起误会的话，反省是心灵的净化剂，即使一不小心犯了某种过失，也会及时改过。

同事间的相处，其实既不难、也不险，只要懂得欣赏，以心换心地真诚相待，久而久之，定能广结“善缘”，快乐的心境定会像祥云一样包围着你，建立情同手足的同事关系。

■奉献是一种创造性过程

只要我们身在职场，我们是不是应该这样想，如果我们不做一点奉献的话，整个公司最终将会失去胜利的机会，受损失的不仅是整个公司，还有其他成员，自己不也受到损失吗？倘若我们能够对公司付出，像热爱自己的生命一样热爱自己所在的公司，我们就会把自己全部的精力用在工作上，充分地发挥自己的能力，为公司创造更大的利益。换言之就是当我们为公司奉献了自己的全部精力时，我们就会看到，为了公司的利益，实际上也是为了我们自己的利益，当我们在工作上取得成就的时候，我们就会感到非常的欢欣；当我们在与他人共享自己所取得的成绩时，我们就要在与他人分享自己的荣耀。所以说，一份职业，一个工作岗位，都是一个人赖以生存和发展的基本保障。同时，一个工作岗位的存在，往往也是人类社会存在和发展的需要。在自己的工作岗位上认真做好每件事，就是对社会的奉献。

邢丽丽就曾经是这样的人，按照公司规定每天工作8小时，一周上5天班，星期六、星期日休息，按照这种安排，她的生活应该过得非常的合适了。

然而，邢丽丽却不是这样想的，她总是在为了自己的利益考虑，不愿意为公司多做出一点奉献。她每天是准时上班，从来不愿早到一刻钟，不仅如此，她到公司的第一件事是上厕所，然后吃早点，接着浏览网页，然后才开始工作，接着是不停地上网聊天，打手机等，事实上，她每天也只是工作了三四个小时，但在其他员工看来，她总是非常疲劳和倦怠，而且满腹牢骚，不肯上进。

但邢丽丽也有自己的爱好，他喜欢游泳，每当在休息的时候，她都要去北大的游泳池游泳，正因为如此，整个北大游泳馆的游泳爱好者几乎没有不认识她的。而且无不知道她的技术是一流的。所以，她为此感到非常的自豪。

到年底的时候，公司在评比优秀员工的名单中没有体现出邢丽丽的名字，为此她很失落，她开始深思自己为什么没有被评为优秀员工的原因。晚上，她一个人躺在床上想道："为什么自己游泳能够全心投入，甘愿吃苦费力，而对自己的工作却厌倦无比。"经过一番思考后，她终于明白了，她自言自语地说："热爱自己的工作就应该热爱游泳一样，奉献自己的精力也应该像在游泳池的拼搏一样，如果我能够做到这一点，我自然会好起来。"想到这些的时候，她决定试着改变自己。

一个星期之后，邢丽丽感觉到工作带给她的乐趣，她打电话告诉朋友说，她在工作中找到了乐趣，她开始关注起同事的生活。她向自己提出了挑战，要彻底改变以前的工作态度。她开始将自己视为公司的一部分，而不仅仅是一个普通员工。她向领导提出了一些可行性建议。她甚至在下班后还在考虑如何攻进部门的运行机制。如今她每天工作时都是精神焕发，浑身充满了热情。一年后，她被评为了公司的优秀员工，当总经理问起她变化的原因时，她说："我在人生道路上获得了宝贵的经验：无论做什么工作，都要真诚、执着地奉献自己！通往成功的路或许很远，但是，当我们每一次无私的奉献时，其实我们就是在成功的路上前进了。"

所以说，奉献不难做到，只要我们用心去面对奉献，我们就能很快地找到它，而且在这个过程中，它能使我们的能量得到释放。当然，我们奉献的结果，会让我们有更美好的未来。

■付出也是一种承担

一个人能承担的多少，证明他的价值就有多少，想证明自己的最好方式，就是能比别人做得多一点。换一个角度来理解这种发出，你会发现你的努力不是单向的，你会因此而得到更多的回报。你能为公司付出，领导也会对你刮目相看，同时会给你更多的机会做更多的事情，且不论我们会因此而加官进爵，这对于锻炼自己的能力和提高自己的经验也是不可多得的。还有，一个能为别人付出的人，一个勇于担当的人，也会因为自己的高尚行为而感到自豪，它也是一种快乐和幸福，你会因此而不觉得自己的付出是一种压力，你会进步得更快。你会发现这是一种双向的平衡，或者我们得到的比付出的会更多。

我相信，一个人要成功就要有一颗付出、感恩的心。一个人的人生成就不是他得到了多少，而是他付出了多少，一个人最大的人生意义是经由自己的工作或是付出，而帮助别人实现梦想，成就事业。

这是一条非常美妙的原则。世界上没有不需要付出的成功，如果一个人没有付出就成功了，那是因为有人在他前面付出了，如果他付出了，却看不到成功，那是因为成功还没有到来，或是在他后面的人会从他的付出里收获成功。

如果你种玉米，就会收获玉米。我从没见过玉米种子会长出萝卜来。如果你种大麦，你得到大麦。同样，如果你播种厌恨，你会得到厌恨？如果你播种爱，你会得到爱。

付出有三种类别：火石类付出、海绵类付出和蜂巢类付出。火石类付出是你用榔头敲，然后得到一些碎片和火花，是一种在别人的要求下而作出的付出。海绵类付出是你只要用劲挤，海绵里的水就会出来，是一种有外力，但也有点自觉自愿的付出。蜂巢类付出是蜂蜜只要有就外溢，是一种完全自愿的付出。

我们都可以作个蜂巢类付出者，因为我们每个人都有东西付出。

如果没有付出之前，就先想要得到，这种付出不是付出，这只是生活中的能量转换，这是斤斤计较的做法。这是一种贪婪、自私的哲学，只会对参与者产生伤害。

真正的付出是：你付出再付出，一而再，再而三的付出，付出的时候不考虑回报。如果有回报，那只是结果，而不是目的。当回报来临时，你坦然接受它。

父亲对儿子说，“儿子，这个星期你要打扫地下室，你可以星期一打扫，或者这个星期的任何一天打扫，但是，你必须在星期六中午之前把地下室打扫干净，因为星期六的下午我们会一起去游泳。如果星期六中午的时候，地下室打扫干净了，你就可以和我们一去旅游，如果地下室没有打扫干净，我们其他人去游泳，而你就要留在家里打扫地下室。”

儿子是一个活泼型的人，喜欢运动，不喜欢做家务。然而那一天，他没有去旅游，因为他星期六中午之前没有完成家务。家人都出去玩了，则留下他一个人打扫地下室。他从此悟出了先付出再玩乐的原则。你要么先付出，而后玩乐；要么在后面付出，前面玩乐。

世界上并没有免费的午餐，你必须付出。问题不是要不要付出，而是什么时候付出。是在前面付出，还是在后面付出。如果你在前面付出，付出的代价比在后面付出更便宜，你等待付出越久，你付出的利息就越多。你等待付出越久，你就得付出越多。如果你在前面玩乐，你在后面就要付出昂贵的代价；如果你在前面付出，你就可以在后面享有更多的玩乐。

如果你想真正生活在更高层次，你就要给予。

给予并不是因为你很有钱。给予并不是看你口袋里有多少钱，给予是一种态度。如果你给予你的顾客比平常多一点，如果你能给他们提供更好的服务，如果你能比平时多做一点点，结果就会有大大的不同。

“人生教育之父”卡耐基说：“我们不要看远方模糊的事情，要着手身边清晰的事物。”假设今天上帝给你一次机会，让你选择五个你想要的事物，而且都能让你梦想成真，你第一个想要的是什么？假如只要你选择一个，你会做何选择呢？假如生命危在旦夕，你人生最大的遗憾，是什么事情没有去做或者尚未完成？假如给你一次重生的机会，你最想做的事情是什么？如果发现了你最想要的，就把它马上明确下来，明确就是力量。它会根植在你的思想意识里，深深烙印在脑海中，让潜意识帮助你达成所想要的一切。在这个世界上没有什么做不到的事情，只有想不到的事情，只要你能想到，下定决心去做，你就一定能做到。

很多人在公司里都在尽力回避自己份外的事情，其实这是一种思想的误区。是的，做好了本职工作就是完成了你的责任。而多付出就意味着要多承担责任，给自己多一分压力，但我们应该知道，只有有能力的人才能多做事情，才能比别人更多一点付出，这是一种对自我的肯定，是一种对自身价值的确认。让我们来看看下面这个感人的故事，感受一下孟菲斯的这个罪犯具有的自我奉献精神。

孟菲斯原先是一个面貌凶恶的人，他留着一头剪得极短的头发，走起路来吊儿郎当。后来，在孟菲斯发生黄热病灾难时，他向有关机构提出，要求担任护理人员的职务，但医生一开始没有答应。

“先试用一个星期吧！”这个人坚持着，“我想成为护理人员，如果你觉得满意，再给我付酬。如果你不满意，再把我辞掉。”

“好吧，”医生说，“我就先录用你，尽管我认为这样做不合适。”在这位医生说这句话的时候，其实他还在心里对自己说，“我想他不会给我添乱的，我会时刻盯着他的。”但是不久，这个人就用自己的行动证明了他根本就不需要任何人监督。

几个星期后，他就成了这个团队中最出色的护理人员。在这个瘟疫疯狂蔓延的地方，总有他努力工作的身影。患病的人因此非常爱戴他。对那些被命运遗弃的人来说，他简直就像天使。

发工资了，他经过后面的街道走到一个隐蔽的地方，那里放着一个为黄热病患者所设的救济箱。有个人看见他把自己的工资都放进了那个救济箱。遗憾的是，不久以后，他在这场瘟疫中感染上了黄热病，死去了。然而，就在这在时，人们才发现他身上有一块青灰色的烙印——原来这个护理人员曾经是一个被定了罪的重犯。由于没有知道他是谁，所以他的尸体只好安葬在一个无名者的坟地中。

从个故事里我们可以看到的是在孟菲斯的身上体现出了圣洁的人格，体现出了在他的身上还保持着宝贵的奉献精神，尽管他是一个被判了罪的重犯，但由于他的奉献，他同样受到世人的尊敬。这种品质，使得一个人区别于其他人，并且使我们能很自然地记下他的名字。

在公司也是一样，一个能够为公司多付出的人，一般来讲，多是比别人更有承受力或具有更为突出的能力。如果你和别人一样，你也不可能担当什么责任了。所以你该为自己能够多一点付出而感到自豪，因为你已经向别人证明，你比别人更突出，你比他们强，你更值得公司信赖。你也就能真正的体会到：一个员工热爱自己的工作，工作时就会积极地发挥主观能动性，同时培养对公司的奉献精神。